Elektrische Meßinstrumente

Technik und Zubehör

von

Dr.-Ing. A. Ebinger

Mit 112 Abbildungen

Fünfte, völlig neu bearbeitete Auflage

Sammlung Göschen Band 477/477 a

Walter de Gruyter & Co. · Berlin 1970

vormals G. J. Göschen'sche Verlagshandlung · J. Guttentag,
Verlagsbuchhandlung · Georg Reimer · Karl J. Trübner · Veit & Comp.

 — Archiv-Nr. 7991701 — Satz und Druck: Deutsche Zentraldruckerei, Berlin — Printed in Germany

Inhaltsverzeichnis

Seite

0 *Einleitung* 5

1 *Allgemeines* 5
- 1.1 Begriffe 5
- 1.2 Die Wirkungsweise der elektrischen Meßinstrumente 7
- 1.3 Bestimmungen 9
- 1.4 Ausführungsformen 12

2 *Konstruktiver Aufbau* 14
- 2.1 Lagerung 14
- 2.2 Zeiger und Skala 17
- 2.3 Richtmoment 21

3 *Drehspulinstrumente* 22
- 3.1 Meßwerk 22
- 3.2 Drehspul-Spannungsmesser 27
- 3.3 Drehspul-Strommesser 29
- 3.4 Drehspulinstrumente hoher Empfindlichkeit 32
- 3.4.1 Lichtmarken- und Spiegelgalvanometer .. 32
- 3.4.2 Ballistische Galvanometer 35
- 3.4.3 Kriechgalvanometer und Flußmesser 36
- 3.5 Drehspul-Widerstandsmesser 37
- 3.6 Drehspul-Quotientenmesser 40
- 3.7 Gleichrichterinstrumente 42
- 3.7.1 Instrumente mit Halbleiter-Gleichrichtern 42
- 3.7.2 Instrumente mit mechanischen Gleichrichtern 45

4 *Drehmagnetinstrumente* 47
- 4.1 Meßwerk 47
- 4.2 Ausführungen 49

5 *Dreheiseninstrumente* 50
- 5.1 Meßwerk 50
- 5.2 Ausführungen 55

6 *Elektrodynamische Instrumente* 59
- 6.1 Meßwerk 59
- 6.2 Elektrodynamische Strom- und Spannungsmesser 63

Seite

6.3 Elektrodynamische Leistungsmesser 64
6.4 Ferrodynamische Leistungsmesser 69
6.5 Leistungsmesser-Schaltungen 71
6.5.1 Gleich- und Wechselstromleistung 71
6.5.2 Drehstromleistung 73
6.6 Elektrodynamische Quotientenmesser 78
6.6.1 Meßwerk 78
6.6.2 Ausführungen 80

7 *Induktionsinstrumente* 83
7.1 Meßwerk 83
7.2 Ausführungen 85

8 *Elektrothermische Instrumente* 87
8.1 Hitzdrahtinstrumente 87
8.2 Thermoumformerinstrumente 89
8.3 Bimetallinstrumente 91

9 *Elektrostatische Instrumente* 93
9.1 Prinzip 93
9.2 Ausführungen 95

10 *Vibrationsinstrumente* 102
10.1 Zungenfrequenzmesser 102
10.2 Vibrationsgalvanometer 106

11 *Registrierinstrumente* 109
11.1 Linienschreiber 109
11.2 Punktschreiber 112
11.3 Schnellschreiber 113
11.4 Lichtstrahloszillographen 117

12 *Meßwandler* 120
12.1 Allgemeines 120
12.2 Grundsätzlicher Aufbau 121
12.3 Stromwandler 123
12.4 Zangenwandler 128
12.5 Gleichstromwandler 129
12.6 Spannungswandler 131
12.7 Kapazitive Spannungswandler 135

Verwendete Symbole und Einheiten 137

Fachliteraturverzeichnis 139

Sachregister 141

0 Einleitung

Das vorliegende Bändchen stellt eine Neubearbeitung der früheren Auflage von Prof. I. *Herrmann*, dem verehrten Lehrer des Verfassers, dar. Es gibt einen Überblick über die Technik der gebräuchlichsten elektrischen Meßinstrumente. Dabei soll nur ihre nächstliegende Anwendung beschrieben werden, den Meßmethoden ist ein besonderer Band vorbehalten. Zähler und elektronische Meßgeräte werden hier nicht behandelt, da dies über den Rahmen des vorliegenden Bändchens hinausgehen würde. Bezüglich der elektrotechnischen Grundlagen wird auf Band 196 der Sammlung Göschen verwiesen.

1 Allgemeines

1.1 Begriffe

Entsprechend DIN 1319 „Grundbegriffe der Meßtechnik“ [25] und VDE 0410/3.68 „Regeln für elektrische Meßgeräte“ [22].

Meßgröße:	ist die zu messende Größe (z. B. Länge, Strom).
Meßwert:	gemessener Wert der Meßgröße.
Meßergebnis:	Meßwert kann bereits das Meßergebnis darstellen, andernfalls wird dieses aus einem oder mehreren Meßwerten errechnet.
Meßwerk:	besteht aus dem beweglichen Organ, dessen Stellung oder Bewegung von der Meßgröße abhängt, und den die Bewegung erzeugenden (feststehenden) Teilen.
Meßinstrument:	Meßwerk (oder auch mehrere Meßwerke) zusammen mit Gehäuse und eingebautem Zubehör.
Meßgerät:	Meßinstrument mit sämtlichem, auch getrenntem Zubehör.
Skalenlänge:	Bogenlänge des Anzeigebereichs, gemessen über die Mitte der kurzen Teilstriche.

Mechanischer Nullpunkt:	der Punkt, auf den sich der Zeiger des abgeschalteten Meßinstruments unter der Einwirkung des Richtmoments einstellen will.
Skalennullpunkt:	der mit Null bezeichnete Teilstrich der Skala.
Skalenanfangswert:	Wert des ersten Strichs einer Skalenteilung.
Skalenendwert:	Wert des letzten Strichs einer Skalenteilung.
Anzeige:	Stand des Zeigers oder der Marke auf der Skala.
Genauigkeit:	Übereinstimmung zwischen angezeigtem und richtigem Wert der Meßgröße. Die Einhaltung bestimmter Genauigkeitsgrenzen (Toleranzen) wird durch das Klassenzeichen angegeben.
Klassenzeichen:	Kennzeichnung für die Genauigkeit von Meßgeräten, die den „Regeln für elektrische Meßgeräte" entsprechen.
Fehlangabe:	Differenz zwischen angezeigtem und richtigem Wert der Meßgröße. Sie wird in Einheiten der Meßgröße oder in Skalenteilen angegeben: positiv, wenn der angezeigte Wert größer als der richtige Wert ist.
Anzeigefehler:	prozentuale Fehlangabe bei Nennbedingungen. Darin sind die durch die Einflußgrößen verursachten Fehler nicht enthalten.
Einflußgrößen:	sind solche Größen, die die Anzeige fälschen können, z. B. Temperatur, Lage, magnetische oder elektrostatische Fremdfelder.

Nennbedingungen:	alle vom Hersteller festgelegten Werte für Einflußgrößen, bei denen die Anzeigefehlergrenzen eingehalten werden.
Anzeigebereich:	gesamter Skalenumfang.
Meßbereich:	derjenige Teil des Skalenumfangs, für den alle Bestimmungen über Genauigkeit eingehalten werden.
Nennlage:	die durch ein Lagezeichen angegebene Neigung der Skalenfläche zur Horizontalen, in der ein Meßinstrument den Bestimmungen seiner Klasse entspricht.
Empfindlichkeit:	Verhältnis der Verschiebung des Zeigers oder der Marke zur Änderung der Meßgröße. Dimension: Länge/Meßgröße. — Kehrwert ist die Instrumentenkonstante.

1.2 Die Wirkungsweise der elektrischen Meßinstrumente

Die Meßgröße wird dem Meßwerk im allgemeinen in Form eines Stromes oder mehrerer Ströme zugeführt und ruft hier eine Lageänderung, zumeist eine Drehung, des beweglichen Organs hervor. Dem entgegen wirkt, herrührend z. B. von Spiralfedern, das Richtmoment, welches das bewegliche Organ in seiner Ruhelage festzuhalten sucht. Im Gleichgewichtszustand ist dann der Verdrehungs- oder Ausschlagwinkel, der durch einen Zeiger über einer Skala sichtbar gemacht wird, ein Maß für die zu messende Größe.

Störende Zeigerschwingungen um die Gleichgewichtslage, die die Ablesung erschweren und verzögern, werden durch Luft- oder Wirbelstromdämpfung unterdrückt. Nach den „Regeln für elektrische Meßgeräte“ darf der Zeiger beim Ausschlag vom Nullpunkt bis auf zwei Drittel der Skalenlänge um nicht mehr als 30% überschwingen. Die Beruhigungszeit, d. h. die Zeit, die der Zeiger braucht, bis er beim Einschwingen nicht weiter als 1,5% der Skalenlänge von seiner endgültigen Einstellung entfernt ist, darf dabei 4 s nicht überschreiten.

Je größer das auslenkende Drehmoment und je leichter das bewegliche Organ, um so rascher und sicherer stellt sich dieses auf seinen Ausschlag ein. Andererseits aber soll das Drehmoment möglichst klein bleiben, da man die dem Meßwerk zugeführte Leistung gering zu halten sucht. Optimale Verhältnisse ergeben sich daher bei kleinstem Systemgewicht. Dieses beträgt meist nur wenige Gramm, bei hochwertigen Präzisionsinstrumenten nur Bruchteile eines Gramms.

Für die richtige Bemessung eines Meßwerks ist es notwendig, die verschiedenen, teilweise sich widersprechenden Forderungen sorgfältig aufeinander abzustimmen: großes Drehmoment und hohe Einstellsicherheit einerseits, geringes Systemgewicht und kleinster Eigenverbrauch andererseits. Ein weiterer Umstand, der für ein möglichst leichtes bewegliches Organ spricht, ist die Lagerreibung bei spitzengelagerten Meßwerken. Alle diese Eigenschaften kommen in dem Gütefaktor nach *Keinath* zum Ausdruck, der ein Maß für die mechanische Güte eines Meßwerks darstellt.

$$\text{Gütefaktor} = \frac{10 \cdot \text{Drehmoment in Pond} \cdot \text{Zentimeter pro } 90^\circ}{(\text{Masse des beweglichen Organs in Gramm})^{1,5}}$$

Dieser Faktor sollte z. B. bei Präzisions-Drehspulinstrumenten mindestens den Wert 1 erreichen und kann bei besonders hochwertigen Konstruktionen bis zu 1,4 betragen. In der vorstehenden Form gilt die Beziehung für Meßwerke mit senkrecht stehender Achse; für waagerechte Achslage, wo die Reibung naturgemäß größer ist, wurde eine entsprechende Definition, jedoch mit der Potenz 2 statt 1,5 im Nenner, vorgeschlagen.

Das Verhältnis der Meßgröße zum erzielten Ausschlag in Millimetern oder Skalenteilen wird als die Konstante eines Instruments bezeichnet, der Kehrwert als seine Empfindlichkeit. Meist werden diese Bezeichnungen nur für Galvanometer angewendet, die keine in Ampere, Volt oder dekadischen Bruchteilen dieser Einheiten geteilte Skalen haben. Bei Spiegelgalvanometern mit Lichtzeiger- oder Fernrohrablesung wird der Ausschlag in Millimetern angegeben und auf 1 m Skalenabstand bezogen. Man spricht dann beispielsweise von einer Stromkonstante $C_i = 1 \cdot 10^{-9}$ A/mm/m beziehungsweise von einer Stromempfindlichkeit $E_i = 1 \cdot 10^9$ mm/A m. Die beiden oft verwechselten Begriffe Empfindlichkeit und Instrumentenkonstante veranschauliche man sich durch folgende Überlegung: Je kleiner die Meßgröße, die einen bestimmten Ausschlag bewirkt, um so größer ist die Empfindlichkeit eines Meßwerks. Die Meßgröße (und ebenso auch ihre Einheit) steht also bei der Empfindlichkeit im Nenner des Quotienten.

1.3 Bestimmungen

Hinsichtlich der Genauigkeit unterscheiden die „Regeln für elektrische Meßgeräte“ verschiedene Güteklassen, die gekennzeichnet sind durch den maximal zulässigen Anzeigefehler bei der Nenntemperatur 20 °C. Dieser Anzeigefehler, bedingt durch die unvermeidbaren Fertigungstoleranzen der Instrumente, wird — bis auf wenige Ausnahmen — in Prozenten des Meßbereich-Endwerts angegeben. Bei Instrumenten mit Nullpunkt innerhalb der Skala (z. B. in Skalenmitte) wird er auf die Summe der beiden Skalenendwerte, absolut genommen, bezogen.

	Klasse	Höchstzulässiger Anzeigefehler bei 20 °C in % des Meßbereich-Endwerts
Präzisions- oder Feinmeß-instrumente	0,1 0,2 0,5	0,1 0,2 0,5
Schalttafel- und Betriebs-instrumente	1 1,5 2,5 5	1,0 1,5 2,5 5,0

Tafel 1. Sinnbilder zum Beschriften von Meßinstrumenten			
Bezeichnung der Instrumente	**Sinnbild**	**Bezeichnung der Instrumente**	**Sinnbild**
Drehspulmeßwerk mit Dauermagnet, allgemein		Gleichrichter	
Drehspul-Quotientenmeßwerk		Drehspulinstrument mit eingebautem Gleichrichter	
Eisennadelmeßwerk		Magnetische Schirmung	
Drehmagnetmeßwerk		Elektrostatische Schirmung	
Drehmagnet-Quotientenmeßwerk		Astatisches Meßwerk	ast
Dreheisenmeßwerk		Gleichstrom	
Elektrodynamisches Meßwerk, eisenlos		Wechselstrom	
Elektrodynamisches Meßwerk, eisengeschlossen		Gleich- und Wechselstrom	
Elektrodynamisches Quotientenmeßwerk, eisenlos		Drehstrom, gemessen mit nur einem Meßwerk	
Elektrodynamisches Quotientenmeßwerk, eisengeschlossen		Drehstrom, gemessen mit zwei Meßwerken	
Induktionsmeßwerk		Drehstrom, gemessen mit drei Meßwerken	
Hitzdrahtmeßwerk		Senkrechte Nennlage	
Bimetallmeßwerk		Waagerechte Nennlage	
Elektrostatisches Meßwerk		Schräge Nennlage Neigungswinkel z. B. 60°	
Vibrationsmeßwerk		Zeigernullstellung	
Thermoumformer, nicht isoliert		Prüfspannung 500 V, Ziffer im Stern: Prüfspg. in kV	
Isolierter Thermoumformer		Achtung! Gebrauchsanweisung beachten	
Drehspulinstrument mit eingebautem, nicht isoliertem Thermoumformer		Prüfspannung entspricht nicht den Regeln	

Außerdem sind — meist in gleicher Höhe wie die in der Tabelle aufgeführten maximalen Anzeigefehler — zusätzliche Toleranzen für die Änderung der Anzeige durch äußere Einflüsse wie Temperatur-, Lage-, Frequenzeinfluß u. a. festgelegt. So ist z. B. für ein Instrument der Klasse 0,2 bei der Nenntemperatur 20 °C ein Anzeigefehler bis zu $\pm$ 0,2% des Meßbereich-Endwerts zulässig, dazu ein Temperatureinfluß von 0,2% für $\pm$ 10 grd Abweichung von der Nenntemperatur.

Bei Instrumenten, die als fremdfeldgeschützt gekennzeichnet sind, darf die Anzeige durch ein homogenes Magnetfeld von 4 A/cm unter ungünstigsten Verhältnissen um nicht mehr als 0,75% des Meßbereich-Endwerts verändert werden. Dieser Einfluß darf bei ungeschützten Instrumenten je nach Güteklasse bis zu 6% betragen.

Die Isolation zwischen stromführenden Meßwerkteilen einerseits und Gehäuse oder außen zugänglichen Metallteilen (Schrauben usw.) andererseits wird mit Wechselspannung geprüft, deren Höhe sich nach der Betriebsspannung richtet und durch das Prüfspannungszeichen auf der Skala angegeben ist.

Erfüllt ein Instrument alle Bestimmungen der „Regeln für elektrische Meßgeräte", so wird auf seiner Skala neben anderen wichtigen Angaben das Klassenzeichen vermerkt. Zu diesen Angaben gehören: Firmenzeichen des Herstellers, Einheit der Meßgröße, Zeichen für die Stromart, Frequenzbereich, Meßwerksymbol und Prüfspannungszeichen nach Tafel 1, Lagezeichen, Angabe über Fremdfeldschutz (s. Bild 1.1).

Bild 1.1. Skalenbeschriftung für ein Gleichrichterinstrument Klasse 1,5 für Gleichstrom und 50-Hz-Wechselstrom, waagerechte Nennlage, Prüfspannung 2 kV entspricht nicht den VDE-Regeln

1.4 Ausführungsformen

Das gegen Berührung, Staub und Feuchtigkeit empfindliche Meßwerk wird — vielfach mitsamt dem Zubehör — in ein Metall- oder Preßstoffgehäuse eingebaut, dessen äußere Form durch den Verwendungszweck bestimmt ist. Danach unterschei-

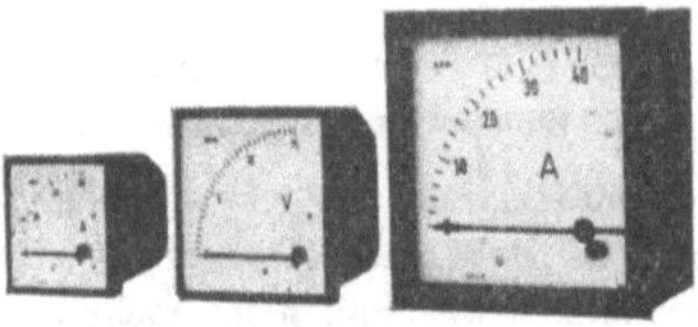

Bild 1.2. Schalttafelinstrumente quadratischer Form mit Quadrantskala *(Werkbild AEG)*

det man Schalttafelinstrumente (Bild 1.2) zum ortsfesten Einbau in Schalttafeln oder Pulte und tragbare Laboratoriums- und Betriebsinstrumente (Bilder 1.3, 3.17, 3.24).

Schalttafelinstrumente erhalten runde, quadratische oder rechteckige Gehäuse in verschiedenen, genormten Abmessungen.

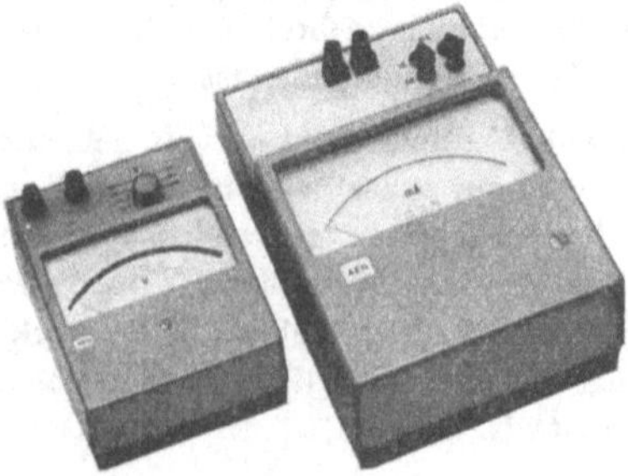

Bild 1.3. Kleines und großes Laboratoriumsinstrument in Preßstoffgehäuse *(Werkbild AEG)*

Sie werden bis zum Frontrahmen in den meist kreisförmigen Tafelausschnitt eingelassen und durch Klemmringe, Schellen o. dgl. befestigt. Die elektrischen Anschlüsse liegen dabei stets hinter der Tafel. Neuerdings setzen sich, speziell für kleinere Einbauinstrumente, auch andere Gehäuseformen durch. Die in Bild 1.4 dargestellte Konstruktion läßt das Streben nach einem möglichst breiten Skalenfenster und nach vorteilhaftem Lichteinfall zum Zweck der Skalenaufhellung erkennen.

Sollen zahlreiche Instrumente auf kleinstem Raum untergebracht werden, wie z. B. in den Schaltwarten von Elektrizitätswerken, so bevorzugt man Profilinstrumente mit recht-

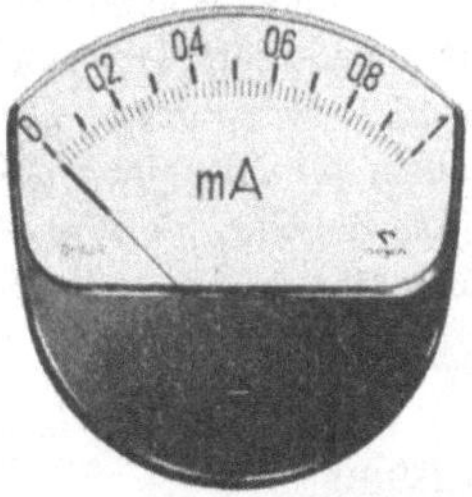

Bild 1.4. Einbauinstrument (*Werkbild Gossen*)

Bild 1.5. Profilinstrumente, Quer- und Hochformat (*Werkbild AEG*)

eckigem Frontrahmen in Hoch- oder Querformat (Bild 1.5). Sie werden entweder mit gewölbter Skala ausgeführt, über die das rechtwinklig abgebogene Zeigerende schwingt, oder aber als reine Flachprofilinstrumente mit ebener Skala. Bei diesen letzteren wird die kreisförmige Bewegung der Zeigerspitze durch eine mechanische Umlenkung in eine geradlinige Bewegung umgewandelt, oder man verwendet eine Lichtzeigeranordnung, die auch ganz große Ausführungen mit weithin ablesbarer Skala ermöglicht.

Schreiber (s. Kapitel 11), die außer dem Meßwerk eine Schreibvorrichtung und einen Antrieb für den Papiervorschub enthalten, werden gleichfalls mit rechteckigen Gehäusen zum Einbau in Schalttafeln versehen (Bild 11.1). Die Frontrahmenmaße sind denen der Anzeigeinstrumente zwecks günstiger Raumaufteilung auf der Schalttafel angepaßt. Das gleiche gilt auch für die Kontaktgeräte oder Regler, deren bewegliches Organ bei Über- oder Unterschreiten eines bestimmten einstellbaren Sollwerts einen mechanischen oder lichtelektrischen Kontakt betätigt und damit einen Regelvorgang auslöst.

Die tragbaren Instrumente sind zur Aufstellung an verschiedenen Meßplätzen bestimmt und im allgemeinen mit einem zweckmäßigen Preßstoffgehäuse versehen. Sie unterscheiden sich je nach Verwendungsart in ihrer Genauigkeit und demgemäß auch in der Präzision ihrer Ausführung. Zum Gebrauch im Laboratorium dienen vorwiegend große Tischinstrumente möglichst hoher Genauigkeit, als Betriebs- und Montageinstrumente robustere Ausführungen mit geringeren Genauigkeitsansprüchen. Die kleinen, handlicheren Typen sind vor allem zur Mitnahme auf Montage geeignet und lassen sich mit ihrem Zubehör wie Wandler, Vor- und Nebenwiderstände, zu Meßsätzen in einem Tragkoffer zusammenstellen.

2 Konstruktiver Aufbau

2.1 Lagerung

Die verschiedenen Teile des Meßwerks werden durch eine Halterung konstruktiv miteinander verbunden. Diese wird meist in Form eines Meßwerkträgers ausgebildet, an dem die feststehenden Teile und die Lagerung für das bewegliche Organ angebracht werden. Die Stabilität einer solchen Anordnung bestimmt also die Geometrie des Meßwerks und beeinflußt somit maßgeblich seine Genauigkeit. Aus diesem Grunde vermeidet man für den Meßwerkträger gespritzte oder gepreßte Kunststoffe wegen ihrer ungenügenden Formbeständigkeit und verwendet für einfachere Instrumente in der Massenfertigung Stanz- und Biegeteile oder aber Metallspritzguß, der sich sehr maßgerecht herstellen läßt. Für Präzisionsinstrumente sind vielfach nichtmetallische Trägerkonstruktionen erforderlich. In diesem Falle sind nur keramische oder sonstige anorganische, formstarre Isolierstoffe brauchbar.

Innerhalb der feststehenden Meßwerkteile kann das bewegliche Organ je nach den betrieblichen Bedingungen des Instruments und je nach Höhe des zur Verfügung stehenden Drehmoments auf verschiedene Weise gehalten werden: durch eine Spitzen-, Zapfen- oder Spannbandlagerung oder durch eine Bandaufhängung. Bei der früher fast allgemein verwendeten Spitzenlagerung ist das bewegliche Organ mit stählernen Achsspitzen versehen, die in kegelförmig ausgebohrten Lagersteinen laufen (Bild 2.1). Die Achsspitzen bestehen aus hochwertigem Spezialstahl von 0,5···0,6 mm Durchmesser, der gehärtet und unter einem Winkel von meist 60° angeschliffen wird. Um die spezifische Druckbeanspruchung an der außerordentlich kleinen Berührungsfläche zwischen Spitze und Stein in zulässigen Grenzen zu halten, werden die Spitzen — z. B. durch Trommeln mit geeigneten Schleifmitteln — fein verrundet und hochglanzpoliert.

Die Lagersteine werden aus synthetischem Saphir (Korund Al_2O_3, Härtegrad 9 der *Mohs*schen Skala) hergestellt, für einfachere Instrumente aus Achat (SiO_2, Härtegrad 6,5). Die kegelige Bohrung ist im Grund ebenfalls verrundet und poliert, wobei man den Krümmungsradius 2···5 mal so groß wie den der Achsspitzen wählt: Stein 50···200 µm, Spitze 15···100 µm. Für Präzisionsinstrumente verwendet man im Hinblick auf geringste Lagerreibung Spitzen und Steine mit kleinen Krümmungsradien; für Betriebsinstrumente dagegen, insbesondere für solche, die mechanisch stark beansprucht werden, sind größere Krümmungsradien erforderlich, um die Stoß- und Verschleißfestigkeit zu erhöhen. Die Steine werden in einer Metallschraube gefaßt und mit dieser dann in den Meßwerkträger eingeschraubt.

In Meßwerken mit horizontaler Achse (z. B. für Schalttafelinstrumente) verteilt sich zwar das Gewicht des beweglichen Organs auf beide Lager, doch ist die Reibung um ein Mehrfaches größer als bei vertikaler Achse. Präzisionsinstrumente werden aus diesem Grunde stets für horizontale Aufstellung (Achse vertikal) gebaut, und es ist mit Rücksicht auf die andersartigen Reibungsverhältnisse nicht angängig, sie dann in Schräglage oder aufrecht zu benutzen. Zum Ausgleich unterschiedlicher Längenänderungen mit der Temperatur und, um ein Festklemmen des

Lagers mit Sicherheit zu vermeiden, ist ein gewisses, wenn auch noch so kleines Achsspiel unerläßlich. Dieses hat bei einer Lagerungsart mit nach außen gerichteten Achsspitzen, wie in Bild 2.1a erkennbar, ein seitliches Kippen im oberen Lager und da-

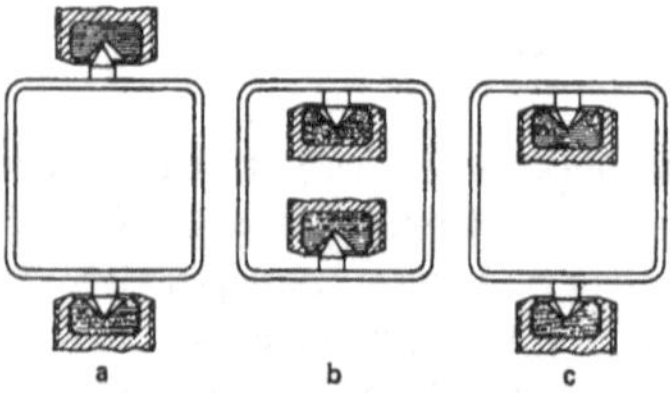

Bild 2.1. Lagerungsarten: a Außenspitzenlagerung, b und c Innenspitzenlagerung

mit eine unsichere Zeigereinstellung zur Folge. Der so entstehende Kippfehler, der einige zehntel Millimeter betragen kann, wird durch die Innenspitzenlagerung (Bild 2.1b und c) vermieden. Hierbei hängt das System im oberen Lager auf gleicher Höhe mit dem Zeiger, das seitliche Achsspiel ist in das Unterlager verlegt und beeinflußt die Zeigerstellung nicht.

In neuerer Zeit kommen, vornehmlich bei Instrumenten, die starken Stößen und Erschütterungen ausgesetzt sind, gefederte Lagersteine zur Anwendung. Größere Auslenkungen des beweglichen Organs in Achsrichtung werden dabei durch Flansche an den Spitzenträgern abgefangen. Derartige Konstruktionen gewähren zwar erhöhte Stoßsicherheit, jedoch ist ein zusätzliches seitliches Lagerspiel unvermeidlich. Besonders schwere Systeme (z. B. für Schreiber) lassen sich auch mit Zapfenlagern ausführen, wie sie im Uhrenbau üblich sind. Zylindrische Zapfen an den Enden der Meßwerkachse werden hier in den aus Loch- und Deckstein bestehenden Lagern gehalten. Wegen der beträchtlichen Reibung sind solche Lager allerdings nur bei Meßwerken mit genügend großem Drehmoment anwendbar.

Völlig reibungsfrei arbeitet die Spannbandlagerung, bei der das bewegliche System mit Hilfe von zwei dünnen Bändern oder mit einem durchgehenden Band zwischen zwei elastischen Blattfedern eingespannt ist (Bild 3.4 und 5.4). Solche Anordnungen stellen, wenn gleichzeitig durch eine Abfangung größere Auslenkungen in Längs- und Querrichtung verhindert werden, eine außerordentlich betriebssichere und vorteilhafte Art der Lagerung sowohl für Präzisions- als auch für Betriebsinstrumente dar. Sie wurden in jüngster Zeit technisch so weit durchgebildet, daß sie auch bei horizontaler Achslage, ja selbst für Instrumente, die in jeder beliebigen Lage arbeiten müssen, verwendbar sind. Die Querschnittsabmessungen der Spannbänder liegen je nach Systemgewicht und Drehmoment etwa zwischen 5 µm × 50 µm und 40 µm × 200 µm. Als Material wählt man Bronze, gewisse Platinlegierungen oder andere geeignete Materialien, die korrosionsfest sind und geringste elastische Nachwirkungen aufweisen, damit das bewegliche Organ nach Ausschalten des Instruments möglichst genau wieder in seine Ausgangsstellung zurückkehrt. Die Spannbänder liefern gleichzeitig ein Torsionsmoment, das entweder für sich allein oder auch in Verbindung mit zusätzlichen Spiralfedern als Richtmoment für das Meßwerk dient.

Schließlich besteht für Instrumente mit höchster Empfindlichkeit und kleinstem Drehmoment (z. B. Spiegelgalvanometer, Bild 3.12) die Möglichkeit, das bewegliche Organ — sorgfältig äquilibriert — an einem Metallbändchen aufzuhängen. Derartige Instrumente müssen erschütterungsfrei aufgestellt und mit einer Wasserwaage (Libelle) genau ausgerichtet werden, damit das bewegliche Organ in dem engen zur Verfügung stehenden Raum frei und ungehindert schwingen kann. Es wird dann beim Transport arretiert, um das Aufhängeband zu entlasten und vor Beschädigung zu schützen.

2.2 Zeiger und Skala

Die jeweilige Stellung des beweglichen Organs wird durch einen Zeiger oder durch eine Lichtmarke auf der Skala angegeben. Die Zeiger haben je nach der verlangten Anzeige- und Ablesegenauigkeit verschiedene Formen. Für Schalttafel- und Betriebsinstrumente benutzt man vorwiegend balken- oder lanzettförmige Zeiger, die aus dünnem Aluminium- oder Duraluminblech geschnitten und durch Längsriefen versteift sind (z. B. Bild 5.1). Sie werden, damit sie sich von der weißen Skala gut abheben und noch aus einiger Entfernung erkennbar sind, schwarz gefärbt. Gelegentlich findet man jedoch auch helle Zeiger über schwarzen Skalen.

Bei der Ablesung ist darauf zu achten, daß man senkrecht auf die Skala blickt, damit keine Fehler durch Parallaxe entstehen. Dies wird erleichtert durch einen Zeiger aus Aluminiumrohr, der an der Spitze flachgedrückt ist, so daß er eine senkrecht zur Skala stehende Messerschneide bildet. Die Skalen von Präzisionsinstrumenten sind mit einem bogenförmigen, spiegelunterlegten Ausschnitt versehen (Bild 1.3). Bei senkrechtem Aufblick muß sich dann die Zeigerspitze mit ihrem Spiegelbild decken. Die Zeigerbewegung wird dicht neben dem Skalenanfang und dem Skalenende durch meist federnd ausgeführte Anschläge begrenzt, die den Zeiger auch bei hartem Aufprall ohne Beschädigung abfangen sollen. In dieser Hinsicht bieten die vornehmlich für tragbare Instrumente verwendeten Glaszeiger erhöhte Sicherheit. Sie bestehen aus dünnwandigem, elastischem Glasrohr mit einer feinen eingesetzten Glasspitze und haben außer dem geringeren Gewicht den Vorteil, daß sie selbst bei starker Stoßüberlastung weder abbrechen noch sich verbiegen. Zur Verwendung in Wechselstrominstrumenten müssen sie ebenso wie die Zeiger aus Aluminiumrohr verstärkt oder sonstwie gegen unerwünschte Vibrationen versteift werden.

In ihrer rückwärtigen Verlängerung sind die Zeiger mit (in der Regel zwei) Balancearmen versehen (Bild 3.1). Durch Aufschrauben kleiner Metallgewichte oder — bei einfacheren Instrumenten — durch bedarfsweises Aufbringen von Lötzinn wird dann das bewegliche Organ so äquilibriert, daß sein Schwerpunkt genau in die Drehachse fällt und daß die Zeigerstellung durch Neigen des Instruments möglichst wenig geändert wird.

Die Skala, im allgemeinen ein weißlackiertes Messing- oder Aluminiumblech, wird mit den Teilstrichen, der Bezifferung und den übrigen Aufschriften versehen. Dabei richten sich Abstand und Strichstärke der Teilstriche nach der Ablesegenauigkeit und der für die betreffende Instrumentenart gewünschten Ableseentfernung. Um auch Feinteilungen von weitem ablesbar zu machen, kann man die Hauptteilstriche entsprechend Bild 1.4 besonders hervorheben. Präzisionsinstrumente erhalten sehr fein geteilte, meist 150teilige Skalen (Bild 3.11), die einzeln mit Tusche gezeichnet werden, nachdem die Hauptteilstriche (von 10 zu 10 Intervallen) zuvor durch genaue Messung mit dem Kompensator festgelegt wurden. Die weitere Unterteilung — je nach Skalencharakteristik mit gleichmäßigen bzw. mit zu- oder abnehmenden Abständen — nimmt die Skalenzeichenmaschine selbsttätig vor.

Nach den „Regeln für elektrische Meßgeräte“ [22] und den Empfehlungen der IEC (International Electrotechnical Commission) [24] sollen Skalen so geteilt sein, daß ein Skalenteil 1, 2 oder 5 Einheiten der Meßgröße oder dekadischen Vielfachen davon entspricht, z. B. 1 Skt ≙ 2 V oder 1 Skt ≙ 0,5 mA. Man braucht dann die Ablesung nur mit einfachen Faktoren zu multiplizieren, um daraus das Meßergebnis zu erhalten.

Bei sehr empfindlichen Instrumenten (z. B. Galvanometern) kann man selbst kleinste Ausschlagwinkel dadurch deutlich erkennbar machen, daß man an dem beweglichen Organ einen kleinen Spiegel anbringt und dessen Drehung durch eine vergrößernde optische Vorrichtung beobachtet. Bei der subjektiven Ablesemethode betrachtet man im Drehspiegel durch ein Fernrohr aus einigen Metern Entfernung das mit der Drehung wandernde Bild einer beleuchteten Millimeterteilung (Bild 3.14). Als Zeiger dient dabei ein Fadenkreuz oder eine senkrechte Strichmarke im Fernrohrokular. Man gewinnt auf diese Weise eine bis zu 100fache Vergrößerung der Anzeige.

In mancher Hinsicht praktischer sind die objektiven Ablesevorrichtungen, die eine Lichtmarke — meist einen hellen Lichtfleck mit einer schwarzen Strichmarke — über den Drehspiegel auf eine Skala projizieren. Solche Anordnungen lassen sich, wie in Bild 2.2 schematisch dargestellt, auch in einem Instrumentengehäuse unterbringen, wenn man der Skala die Form eines Kegel-

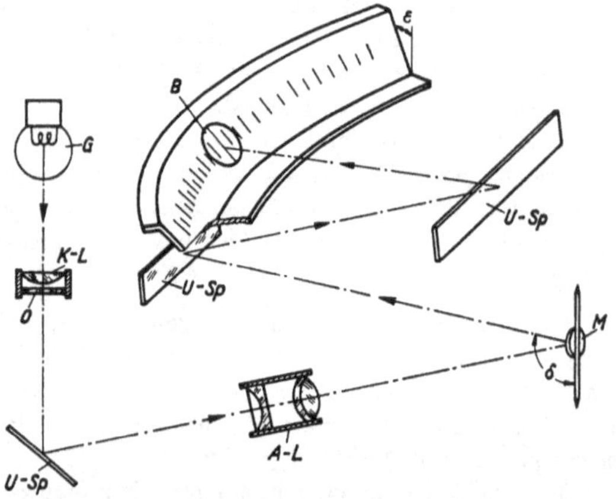

Bild 2.2. Strahlengang eines Lichtmarkeninstruments *(Werkbild Siemens)*: G Glühlampe, K–L, A–L Linsensysteme, M Drehspiegel, U–Sp Umlenkspiegel, B Lichtmarke

mantelausschnitts gibt. Durch mehrfache Reflexion des Lichtzeigers an feststehenden Spiegeln erhält man eine Zeigerlänge von 30 cm. Das ergibt, zusammen mit der Verdopplung des Ausschlagwinkels bei der Spiegelung am Drehspiegel, die sechsfache Empfindlichkeit gegenüber einem System mit körperlichem Zeiger. Um dieselbe Skalenlänge zu überstreichen, bedarf es also nur einer sechsmal kleineren Auslenkung des beweglichen Organs, die elastischen Nachwirkungen der Spannbänder und der

Richtkraftfedern werden entsprechend geringer. Zudem bietet die Lichtmarkenanzeige den Vorteil parallaxefreier Ablesung und findet daher in steigendem Maße Verwendung für Präzisionsinstrumente (Bild 6.6).

2.3 Richtmoment

Das Gegengewicht zu dem elektrisch erzeugten Drehmoment wird im allgemeinen durch Spiralfedern gebildet (z. B. Bild 3.1), die bei den Drehspulmeßwerken gleichzeitig auch als Stromzuführungen für die Drehspule dienen. Ihr Richtmoment nimmt proportional dem Auslenkwinkel zu und muß, da es die Anzeige unmittelbar beeinflußt, zeitlich hinreichend konstant sein. Die Federn werden meist aus Bronzeband in mehreren Windungen gewickelt und in einer Vorrichtung, die ihnen die gewünschte Form gibt, gehärtet. Das innere Federende wird dann an der Meßwerkachse, das äußere an einem Federträger des feststehenden Meßwerkteils befestigt.

Je größer die geforderte Anzeigegenauigkeit, um so höhere Ansprüche sind an die Qualität der Federn zu stellen. Sie müssen möglichst frei von Alterung und elastischen Nachwirkungen sein und dürfen sich bei Temperaturänderungen nicht auf- oder zurollen, damit stets, auch bei langdauernder Auslenkung, eine eindeutige Anzeige und möglichst weitgehende Nullpunktkonstanz gewährleistet ist. Um geringere Unterschiede in den Federeigenschaften auszugleichen, ordnet man meist zwei Federn mit entgegengesetztem Wickelsinn an. Zur genauen Einstellung des Zeigers auf den Skalennullpunkt wird die Spannung einer Richtkraftfeder verändert dadurch, daß man ihren Federträger mittels einer von außen zugänglichen Exzenterschraube um einen kleinen Winkel um die Achse schwenkt (Bild 3.1).

Meßwerke mit Spannbandlagerung werden vielfach ohne besondere Richtkraftfedern ausgeführt. In diesem Falle wird, ebenso wie bei den hochempfindlichen Galvanometern mit frei hängendem System, das Richtmoment allein durch den Widerstand gebildet, den die Bänder der Verdrehung entgegensetzen. Von den Spannbändern werden daher neben hoher Zerreißfestigkeit ähnliche mechanische und elastische Eigenschaften wie von den Spiralfedern verlangt. Die Elastizität der Bänder und der Federn nimmt mit steigender Temperatur ab und bewirkt eine Vergrößerung der Anzeige, die bei der Ermittlung des Temperatureinflusses eines Instruments zu berücksichtigen ist. Für Bronze beträgt der Temperaturkoeffizient des Elastizitätsmoduls etwa $4 \cdot 10^{-4}$/grd.

Besondere Dämpfungseinrichtungen sorgen dafür, daß sich nach dem Einschalten des Instruments der Zeiger möglichst rasch auf den Anzeigewert einstellt, ohne länger um diesen Wert zu pendeln. Im Fall der Luftdämpfung schwingt ein leichter, an der Meßwerkachse befestigter Aluminiumflügel in einer bogenförmigen Dämpferkammer (Bild 5.1 und 5.3). Bei der Wirbelstromdämpfung dagegen trägt das bewegliche Organ meist eine dünne Aluminiumscheibe, die durch den Luftspalt eines feststehenden Dauermagnets streicht und Bewegungen des Systems durch die in ihr induzierten Wirbelströme abbremst (z. B. Bild 8.1). Kürzeste Beruhigungszeit erhält man, wenn die Dämpfung konstruktiv so ausgelegt wird, daß der Zeiger sich nahezu aperiodisch mit einer kleinen Überschwingung auf den Anzeigewert einstellt (Dämpfungsgrad $\alpha = 0{,}8$). Bei den Drehspulinstrumenten erfolgt die Dämpfung selbsttätig durch das Trägerrähmchen der Drehspule oder durch ihren Schließungskreis (S. 34), so daß sich besondere Maßnahmen erübrigen.

3 Drehspulinstrumente

3.1 Meßwerk

Das Drehspulmeßwerk beruht auf der Kraft, die ein stromdurchflossener Leiter in einem Magnetfeld erfährt. Dieses Feld wird von einem Dauermagnet erzeugt, dessen Pole einen feststehenden Weicheisenzylinder umschließen, derart, daß ein ringförmiger Luftspalt von $1 \cdots 2$ mm freibleibt. Die Polbohrung wird entweder unmittelbar an den Magnet angeschliffen oder durch besondere, an die Enden der Magnetschenkel angesetzte Weicheisen-Polschuhe gebildet (Bild 3.1). In dem Luftspalt herrscht ein gleichmäßiges, radial gerichtetes Magnetfeld. Darin

Bild 3.1. Früheres Drehspulmeßwerk mit Hufeisenmagnet. *Werkbild Hartmann & Braun (H & B)*

ist, drehbar gelagert, eine rechteckige Spule angeordnet, die auf ein leichtes Aluminiumrähmchen oder auch frei (selbsttragend) aus dünnem Kupfer- oder Aluminiumdraht gewickelt ist und ihren Strom über die beiden Spiralfedern zugeführt bekommt. Bei Stromdurchgang wirkt auf die Spule ein Drehmoment, das allein der Stromstärke proportional ist, da die Induktion längs des Luftspalts konstant ist.

$$M = B \cdot A \cdot N \cdot I \tag{1}$$

M = Drehmoment, üblicherweise in Millipond · Zentimetern angegeben und auf 90° Ausschlagwinkel bezogen

B = Luftspaltinduktion

A = Windungsfläche der Drehspule
N = Windungszahl der Drehspule
I = Drehspulstrom

Beispiel:

Luftspaltinduktion $B = 3300\ \text{G} = 3{,}3 \cdot 10^{-5}\ \text{Vs/cm}^2$; Drehspul-Windungsfläche $A = 5\ \text{cm}^2$; Windungszahl $N = 40$; Drehspulstrom bei Vollausschlag $I = 0{,}75\ \text{mA}$;

Drehmoment $M = 3{,}3 \cdot 10^{-5}\ \text{Vs/cm}^2 \cdot 5\ \text{cm}^2 \cdot 0{,}75\ \text{mA} \cdot 40$
$= 5 \cdot 10^{-6}\ \text{J*}) \approx 50\ \text{mp cm}$ bei Vollausschlag.

Nach dem eingangs (Abschnitt 1.2) Gesagten ist dann der Auslenkwinkel proportional dem Strom in der Drehspule, so daß man eine gleichmäßig geteilte Skala erhält. Bei Stromumkehr ändert sich auch die Ausschlagrichtung. Deshalb können Drehspulinstrumente nicht ohne weiteres für Wechselstrom verwendet werden, wohl aber bei Gleichstrom als Stromrichtungsanzeiger oder als Nullgalvanometer mit Nullpunkt in Skalenmitte und Ausschlag nach beiden Richtungen.

Die ersten Drehspulinstrumente mit bandaufgehängter Spule und Spiegelablesung wurden 1881 von *Deprez* und *d'Arsonval* angegeben, während *Weston* im Jahre 1888 erstmals Zeigerinstrumente mit Spitzenlagerung baute. Seine Konstruktion ist im Prinzip bis heute erhalten geblieben. An die Stelle der früher verwendeten langschenkligen Walzstahlmagnete (Bild 3.1 und

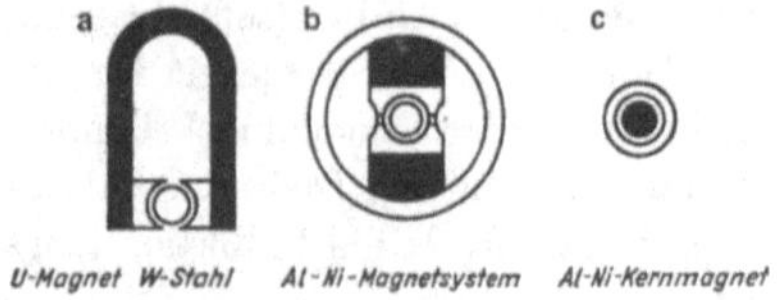

Streuung	80...85%	50%	15%
Ausnutzungsfaktor	15...20%	50%	85%
Luftspaltinduktion	1500 G	3000...5000 G	1500 G

Bild 3.2. Bauformen von Magnetsystemen für Drehspulmeßwerke

* 1 Joule (J) = 0,102 kp m = $1{,}02 \cdot 10^7$ mp cm.

3.2a) sind in neuerer Zeit moderne Magnete aus AlNi- oder AlNiCo-Legierungen (Bild 3.2b und 3.3) getreten, die wegen ihres hohen Energieinhalts eine höhere Luftspaltinduktion (3000 ··· 5000 G gegenüber früher 1500 ··· 2500 G) liefern und in-

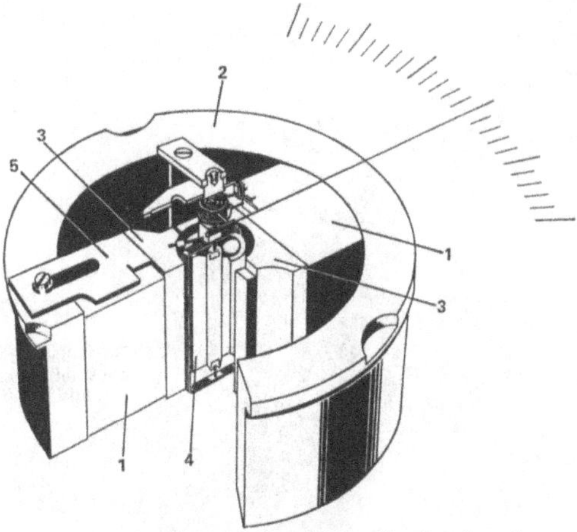

Bild 3.3. Neuzeitliches Drehspulmeßwerk mit AlNiCo-Magnetsystem *(Werkbild AEG)*: 1 AlNiCo-Magnet, 2 Jochring, 3 Weicheisen-Polschuhe, 4 zylindrischer Eisenkern, 5 magnetischer Nebenschluß

folgedessen höhere Empfindlichkeit und kleinere Abmessungen ergeben. Im Zuge dieser Entwicklung entstand das Kernmagnetsystem (Bild 3.2c und 3.4), bei dem ein zylindrischer, in Durchmesserrichtung magnetisierter Magnet innerhalb der Drehspule angeordnet ist. Als Rückschluß dient ein weichmagnetischer Jochring, der — ebenso wie bei der in Bild 3.3 dargestellten Konstruktion — die Streuung nach außen hin verringert und das Meßwerk vor dem Einfluß magnetischer Fremdfelder schützt. Im Gegensatz zu anderen Magnetsystemen ist hier jedoch die Induktionsverteilung im Luftspalt nicht gleichmäßig, sondern entspricht etwa einer Sinusfunktion. Das ergibt eine ungleichmäßige Skalenteilung, die aber bei Betriebsinstrumenten und Spiegelgalvanometern, für die das Kernmagnetsystem wegen seiner kleinen Abmessungen vorzugsweise verwendet wird, nicht nachteilig ins Gewicht fällt.

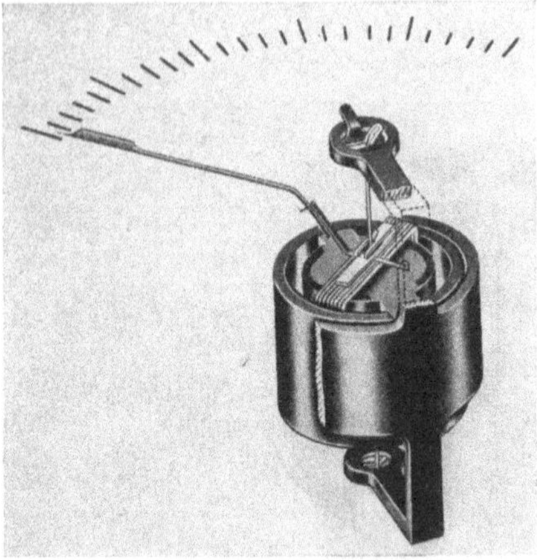

Bild 3.4. Kernmagnetmeßwerk *(Werkbild H & B)*

Die Magnete, vor allem die für Präzisionsinstrumente, werden durch thermische Behandlung künstlich gealtert, um die notwendige zeitliche Konstanz zu erzielen. Vor dem Zusammenbau des Meßwerks werden sie in einem magnetischen Gleichfeld oder mit einem starken Stromstoß durch eine Magnetisierungswicklung aufmagnetisiert. Die fabrikatorischen Streuungen der Meßwerkempfindlichkeit werden durch Abmagnetisieren ausgeglichen, indem man das fertige Meßwerk einem Wechselfeld aussetzt und dieses steigert, bis der Magnet auf das gewünschte Maß geschwächt ist. Zur Feinjustierung dient ein magnetischer Nebenschluß, ein verstellbares Eisenplättchen, das den Magnet oder den Luftspalt teilweise überbrückt und damit die Induktion um einige Prozent zu verändern gestattet (Bild 3.3).

3.2 Drehspul-Spannungsmesser

Drehspulinstrumente sind zwar ihrem Prinzip nach Strommesser, lassen sich aber in gleicher Weise auch für Spannungsmessungen verwenden. Bei konstantem Instrumentenwiderstand R_i ist der Drehspulstrom und damit die Anzeige proportional der angelegten Spannung, so daß die Skala direkt in Volt oder Millivolt beziffert werden kann. Die Drehspule wird dann mit vielen Windungen dünnen Drahtes ausgeführt und benötigt für Vollausschlag nur einen kleinen Strom in der Größenordnung von 1 mA oder weniger. Das bedeutet, daß das Instrument als Spannungsmesser einen entsprechend hohen Widerstand haben muß, z. B. 3 kΩ für einen Meßbereich bis 3 V. Deshalb wird der Drehspule ein Vorwiderstand in Reihe geschaltet, der ihren verhältnismäßig kleinen Widerstand auf den verlangten Wert ergänzt. Der Vorwiderstand, der zusammen mit dem Meßwerk in das Instrumentengehäuse eingebaut wird, hat gleichzeitig die Aufgabe, die starke Temperaturabhängigkeit des Drehspulwiderstandes zu verringern. Aus diesem Grunde wird er aus Manganin oder einer ähnlichen Widerstandslegierung mit vernachlässigbar kleinem Widerstands-Temperaturkoeffizienten (TK) gefertigt.

Tafel 2. Eigenschaften von Widerstandswerkstoffen

Werkstoff	Zusammensetzung in Gewichts-%	Spez. Widerstand ρ in Ω mm²/m	TK bei 20 °C α in 10^{-6}/grd
Manganin	86 Cu 12 Mn 2 Ni	0,43	± 10
Konstantan*)	54 Cu 45 Ni 1 Mn	0,50	— 30
Centanin	67 Cu 27 Mn 5 Ni	1,0	± 20
Isa-Ohm	71 Ni 21 Cr	1,33	± 10

Für die Reihenschaltung zweier Widerstände R_1 und R_2 mit den Temperaturkoeffizienten α_1 und α_2 errechnet sich der re-

* Konstantan wegen seiner hohen Thermospannung gegen Kupfer und Messing nur bedingt verwendbar.

sultierende Temperaturkoeffizient aus der Gesamtänderung der Widerstandssumme

$$\alpha (R_1 + R_2) = \alpha_1 R_1 + \alpha_2 R_2 \tag{2}$$

oder

$$\alpha = \frac{\alpha_1 R_1 + \alpha_2 R_2}{R_1 + R_2} \tag{3}$$

Beispiel:

Durch Vorschalten eines 19mal größeren Manganinwiderstandes ($\alpha_2 = 0$) vor die Drehspulwicklung aus Kupfer- oder Aluminiumdraht mit $\alpha_1 = 4 \cdot 10^{-3}$/grd wird der Temperaturkoeffizient der Anordnung auf $^1/_{20}$ herabgesetzt:

$$\alpha = \frac{R_1}{20\ R_1} \cdot \alpha_1 = 0{,}2 \cdot 10^{-3}/\text{grd}$$

Will man den Meßbereich eines Spannungsmessers erweitern und noch höhere Spannungen messen, so kann man dem Instrument einen besonderen Widerstand R_v vorschalten (Bild 3.5).

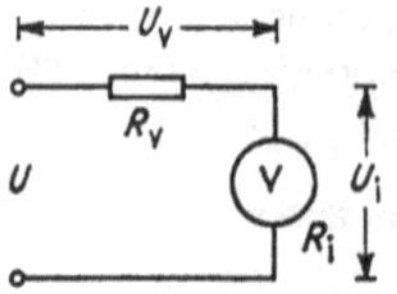

Bild 3.5. Schaltung eines Spannungsmessers mit Vorwiderstand

Es ist dann $U_i : U_v = R_i : R_v$ und folglich

$$U = \frac{R_i + R_v}{R_i} \cdot U_i \tag{4}$$

$$R_v = \frac{U - U_i}{U_i} \cdot R_i \tag{5}$$

Beispiel:

Um einen Spannungsmesser für $U_i = 3$ V mit $R_i = 1000\ \Omega$ zur Messung von Spannungen bis $U = 150$ V verwendbar zu machen, müssen

$$R_V = \frac{147\ \text{V}}{3\ \text{V}} \cdot 1000\ \Omega = 49000\ \Omega$$

vorgeschaltet werden.

Die Vorwiderstände werden auf scheiben- oder rollenförmige Spulenkörper aus Isoliermaterial gewickelt und entweder in das Instrument eingebaut oder als getrenntes Zubehör ausgeführt. Schalttafelinstrumente, die stets mit dem gleichen Vorwiderstand betrieben werden, erhalten eine Skala, auf der die Gesamtspannung U direkt abzulesen ist. Für tragbare Instrumente verwendet man vielfach auswechselbare Widerstandssätze für mehrere Meßbereiche. Diese werden entweder, wie in Bild 3.6,

Bild 3.6. Anklemmbarer Vorwiderstand für 3 Spannungsbereiche *(Werkbild Siemens)*

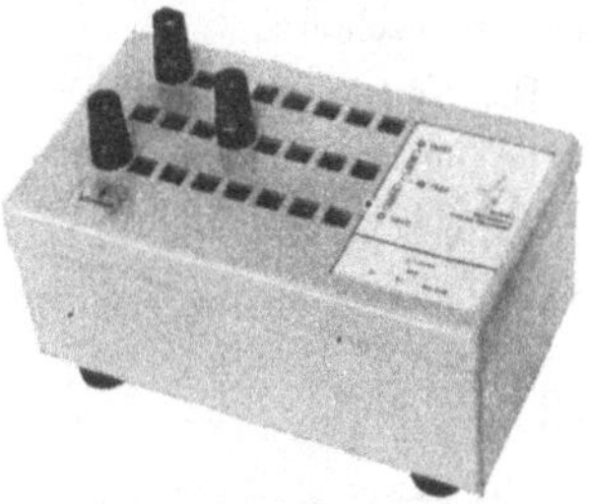

Bild 3.7. Getrennter Vorwiderstand für 750/1500 V in Preßstoffgehäuse *(Werkbild Siemens)*

unmittelbar an das Instrument angeklemmt oder über besondere Zuleitungen angeschlossen (Bild 3.7). Die Instrumentenskala wird dann nicht in Volt, sondern z. B. in 100 oder 150 Skalenteile geteilt.

3.3 Drehspul-Strommesser

Mit Rücksicht auf die begrenzte Belastbarkeit der Spiralfedern können mit Drehspulinstrumenten nur Ströme bis etwa 0,1 A unmittelbar gemessen werden. Darüber hinaus verwendet man Nebenwiderstände, die so bemessen sind, daß der vom Instrument angezeigte Teilstrom einen bestimmten Bruchteil, z. B.

$^1/_{10}$ oder $^1/_{100}$ des zu messenden Gesamtstroms ausmacht. Aus Bild 3.8 folgt $I_i : I_n = R_n : R_i$ und daraus

$$I = \frac{R_n + R_i}{R_n} \cdot I_i \tag{6}$$

$$R_n = \frac{I_i}{I - I_i} \cdot R_i \tag{7}$$

Beispiel: $I_i = 100$ mA; $R_i = 2{,}5\ \Omega$. Um mit diesem Instrument Ströme bis zu 50 A messen zu können, ist ein Nebenwiderstand von

$$R_n = \frac{0{,}1\ \text{A}}{49{,}9\ \text{A}} \cdot 2{,}5\ \Omega = 5{,}01\ \text{m}\Omega$$

parallelzuschalten.

Die Konstante eines Instruments ist der Quotient aus Meßgröße und Anzeige (Abschnitt 1.2). Bei 100teiliger Skala hat der Strommesser des Beispiels eine Konstante $C_1 = 1$ mA/Skt, mit

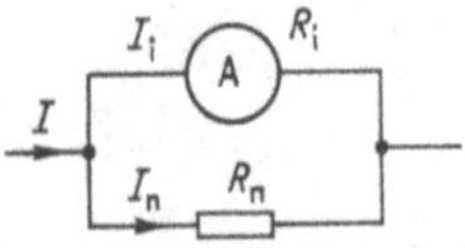

Bild 3.8. Schaltung eines Strommessers mit Nebenwiderstand

Bild 3.9. Nebenwiderstand für große Ströme *(Werkbild Metrawatt)*

Nebenwiderstand eine Konstante $C_2 = 500$ mA/Skt. Der Meßbereich wurde also auf das 500fache erweitert, der Eigenverbrauch allerdings auf das 500fache erhöht.

Damit die beiden Teilströme stets im gleichen Verhältnis zueinander stehen, müssen die Widerstände R_i und R_n hinreichend konstant und temperaturunabhängig sein. Bei den Nebenwiderständen wird dies dadurch erreicht, daß man sie aus Manganin herstellt. Da sie meist niederohmig sind, verwendet man dazu Manganinbleche oder -stäbe, die zwischen Kupferbacken eingelötet sind (Bild 3.9), und gibt ihnen eine für die Wärmeabfuhr günstige Form. Der hohe Temperaturkoeffizient der Drehspulwicklung wird durch einen genügend großen Manganin-Vorwiderstand verringert. Dadurch vergrößert sich allerdings der Widerstand des Drehspulzweigs und somit der Eigenverbrauch des Meßwerks.

Die Strommessung mit Nebenwiderständen läßt sich auch so auffassen, daß der vom Meßstrom am Nebenwiderstand erzeugte Spannungsabfall mit einem Millivoltmeter gemessen wird. Dementsprechend werden Nebenwiderstände und Anzeigeinstrument im allgemeinen für eine bestimmte Spannung, z. B. für 60 mV ausgelegt, so daß man das Zubehör nach Bedarf austauschen kann. Die Drehspulinstrumente der höchsten Genauigkeitsklassen führt man meist als Millivoltmeter aus und versieht sie mit einer besonderen Kunstschaltung zur Temperaturkompensation. Diese Schaltung läßt sich dann durch innere oder äußere Vorwiderstände zur Spannungsmessung und durch Nebenwiderstände zur Strommessung erweitern.

Die Nebenwiderstände der für einen festen Nennstrom bestimmten Schalttafelinstrumente werden an geeigneter Stelle in den Leitungszug eingebaut und durch Zuleitungen mit dem Instrument verbunden, an dessen Skala der Gesamtstrom direkt abzulesen ist. Tragbare Instrumente für Laboratoriums- und Betriebsmessungen werden vielfach mit eingebauten oder getrennten Nebenwiderstandssätzen für mehrere umschaltbare Meßbereiche etwa bis zu 30 A ausgerüstet. Bild 3.10 zeigt die Schaltung einer solchen Widerstandskombination für 4 Meßbereiche, die mit einem Drehschalter wählbar sind. Sofern diese Nebenwiderstände nicht mit in das Instrumentengehäuse eingebaut werden, können sie ähnlich wie die Vorwiderstände nach Bild 3.6 an das Instrument angeklemmt oder aber in einer Ausführung ähnlich Bild 3.7 über besondere Zuleitungen angeschlossen werden. Austauschbares Zubehör ist entsprechend den VDE-Regeln stets eine Klasse genauer als das Anzeigeinstrument; dagegen bezieht sich bei eingebautem oder besonders gekennzeichnetem, nicht austauschbarem Zubehör die Klassenangabe auf die Gesamtanordnung. In Bild 3.11 ist ein Präzisions-

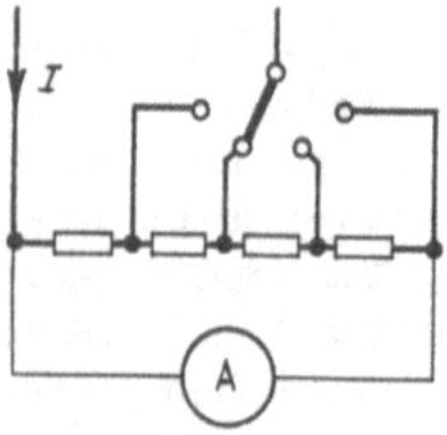

Bild 3.10. Strommesser mit Nebenwiderstandskombination für 4 Meßbereiche

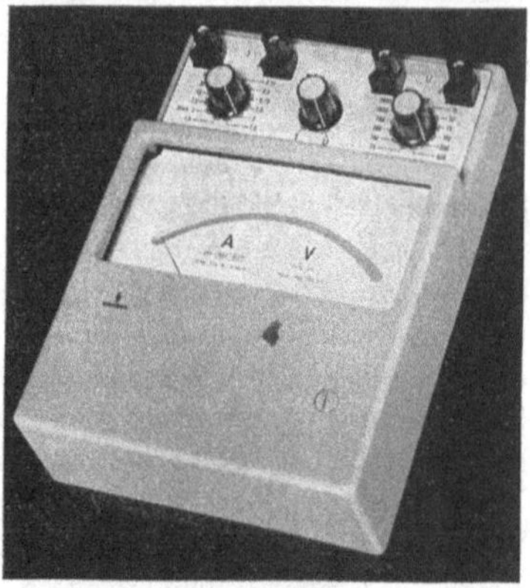

Bild 3.11. Präzisions-Drehspulinstrument mit 26 umschaltbaren Strom- und Spannungsmeßbereichen *(Werkbild Siemens)*

Vielbereichinstrument mit eingebauten Vor- und Nebenwiderständen zur Spannungs- und Strommessung dargestellt.

3.4 Drehspulinstrumente hoher Empfindlichkeit

3.4.1 Lichtmarken- und Spiegelgalvanometer

Um kleine Ströme in der Größenordnung von 1 µA und weniger messen zu können, benötigt man ein Instrument mit besonders stromempfindlichem Meßwerk, dessen Drehspule mit möglichst vielen Windungen dünnsten Drahtes gewickelt ist (z. B. 1600 Windungen 0,02 mm Kupfer-Lack-Draht). Da sowohl hinsichtlich der Windungszahl als auch der Luftspaltinduktion praktisch Grenzen gesetzt sind, erhält man bei sehr kleinen Strömen nur noch schwache Drehmomente, so daß in den Lagern mehr und mehr die Reibung störend in Erscheinung tritt. Man wendet in solchen Fällen vorteilhaft die reibungsfreie Spannbandlagerung (s. Abschnitt 2.1) an und kann dann das Richtmoment so weit verringern, daß schon bei 10 µA Vollausschlag erzielt wird.

Eine weitere Steigerung der Empfindlichkeit ist mit Hilfe einer Lichtmarkenanzeige (s. Abschnitt 2.2) an Stelle des mechanischen Zeigers möglich. Hiervon wird insbesondere bei hochwertigen Präzisionsinstrumenten Gebrauch gemacht sowie bei den Spiegel- und Lichtmarkengalvanometern [16, 20] (Bild 3.12 und 3.13), die als sogenannte Nullinstrumente dazu dienen, in

Bild 3.12. Spiegelgalvanometer *(Werkbild Kipp & Zonen)*

Bild 3.13. Lichtmarkengalvanometer *(Werkbild NORMA)*

einer Schaltung Stromlosigkeit oder aber das Vorhandensein kleinster Ströme nachzuweisen. Für Instrumente zur Messung sehr kleiner Spannungen (z. B. Thermospannungen) sind die Drehspuldaten so zu wählen, daß ausreichende *Spannungsempfindlichkeit* gegeben ist. Solche Instrumente werden in Verbindung mit Thermoelementen zur Temperaturmessung verwendet und hierfür mit direkt in Celsius-Grade geteilten und beschrifteten Skalen versehen.

Die höchste Empfindlichkeit von allen Drehspulinstrumenten weisen die Spiegelgalvanometer mit bandaufgehängter Drehspule (s. S. 17) auf. Sie erlauben, mittels einer Fernrohr- oder Lichtzeigerablesung noch Ströme bis herunter zu 10^{-11} A nachzuweisen. Wenn man dazu, wie üblich, keine Kreisskala, sondern eine geradlinige Millimeterskala benutzt, so müssen die Ausschlagwinkel α des beweglichen Organs jeweils aus den abgelese-

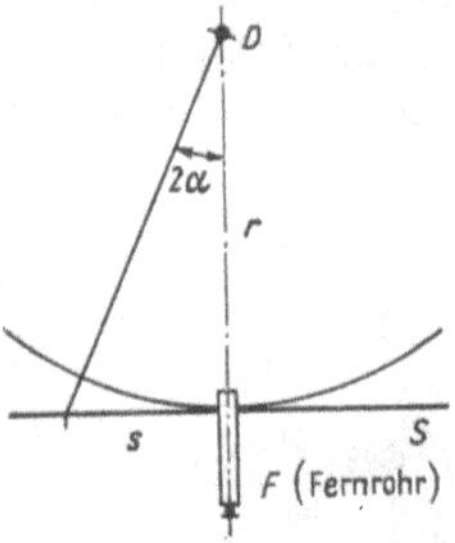

Bild 3.14. Objektive Ablesung mit Fernrohr und geradliniger Skala: D Drehspule, S Skala, F Fernrohr

nen Skalenstrecken s errechnet werden. Aus der Darstellung Bild 3.14 ergibt sich für einen Abstand r zwischen Skala und Drehspiegel

$$\tan 2\alpha = \frac{s}{r} \tag{8}$$

Bei kleinen Ausschlagwinkeln kann $\tan 2\alpha \approx 2\alpha$ gesetzt werden, so daß $\alpha \approx \frac{s}{2r}$ wird.

Die Galvanometer werden in der Regel mit frei gewickelter Drehspule, ohne ein geschlossenes Trägerrähmchen, gebaut und sind daher ungedämpft. Man muß deshalb den Schließungskreis, d. h. den Widerstand der Schaltung, in der das Galvanometer verwendet wird, stets nach Möglichkeit so bemessen, daß die bei der Auslenkung in der Drehspule entstehenden Wirbelströme gerade ausreichen, um störende Pendelbewegungen zu verhindern. Beim Übergang vom periodischen zum aperiodischen

Schwingungszustand des beweglichen Systems spricht man vom aperiodischen Grenzfall. Dieser tritt ein, wenn an das Galvanometer der „äußere aperiodische Grenzwiderstand" angeschlossen wird. Bei Außenwiderständen unterhalb dieses kritischen Wertes wird die Zeigerbewegung kriechend, bei größeren Abschlußwiderständen pendelnd.

3.4.2 Ballistische Galvanometer

Eine besondere Galvanometer-Ausführung, das ballistische Galvanometer, dient zur Messung von kurzzeitigen Strom- und Spannungsstößen. Es unterscheidet sich von den übrigen Spiegelgalvanometern dadurch, daß die Masse und damit auch das Trägheitsmoment des beweglichen Organs durch ein Zusatzgewicht stark vergrößert wurde. Die Schwingungsdauer wird dadurch auf ein Mehrfaches (bis zu 30 s) erhöht. Schickt man nun einen Stromstoß etwa der in Bild 3.15 gezeichneten Form

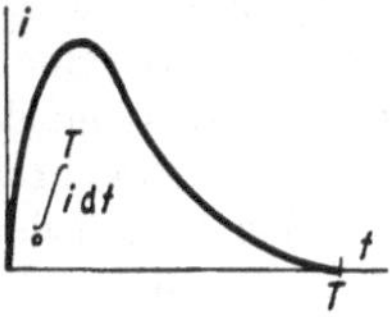

Bild 3.15. Stromstoßkurve

durch die Drehspule, so wird diese aus ihrer Ruhelage ausgelenkt und kehrt nach einigen Hin- und Herschwingungen — je nach dem Grad der Dämpfung — in ihre Ausgangsstellung zurück.

Unter der Voraussetzung, daß der elektrische Vorgang beendet ist, ehe sich die Drehspule merklich aus ihrer Ruhestellung bewegt hat, ist die Amplitude der ersten Halbschwingung proportional dem Zeitintegral des Stromes:

$$\int_0^T i \, dt = C_b \cdot \alpha \tag{9}$$

Dabei ist C_b die ballistische Konstante, angegeben in Coulomb je Grad oder Skalenteil Ausschlag.

Stromstöße der genannten Art treten z. B. bei der Ladung oder Entladung eines Kondensators auf. Lädt oder entlädt man einen Kondensator mit einer Spannung U über ein ballistisches Galvanometer, so ist der Ausschlag bis zum ersten Umkehrpunkt ein Maß für die Ladung und damit für die Kapazität des Kondensators:

$$Q = C\,U = \int_0^T i\,\mathrm{d}t = C_b \cdot \alpha \qquad (10)$$

Q = Ladung
C = Kapazität
U = Spannung

3.4.3 Kriechgalvanometer und Flußmesser

Ähnlichen Zwecken dient auch das Kriechgalvanometer. Das ist ein normales hochempfindliches Spiegelgalvanometer, das mit einem sehr geringen äußeren Schließungswiderstand betrieben wird, so daß es überaperiodisch gedämpft ist und der Lichtzeiger sich nur kriechend bewegt. Legt man an ein solches Instrument eine (natürlich nur sehr kleine) Gleichspannung, so bewegt sich die Drehspule aus ihrer Anfangsstellung mit einer der Spannung proportionalen Geschwindigkeit und bleibt nach Wegnahme der Spannung infolge der starken Dämpfung sofort wieder stehen. Der Verdrehungswinkel α, d. h. die Differenz der Zeigerstellungen zu Beginn und am Ende des Vorgangs, ist dann ein Maß für das Zeitintegral der Spannung. Dies gilt — im Gegensatz zum ballistischen Galvanometer — auch für langsam ablaufende Vorgänge, so lange jedenfalls, wie bei Stromlosigkeit die Zeigerstellung als konstant anzusehen ist. Mit Hilfe einer entgegengesetzt gerichteten Spannung wird die Drehspule wieder zurückgeführt.

Während beim Kriechgalvanometer das Aufhängebändchen ein wenn auch nur schwaches Richtmoment ausübt, fehlt dieses vollständig beim Flußmesser, der als Zeiger- oder auch als Lichtmarkeninstrument gebaut wird. Das Zeigermeßwerk hat eine spitzengelagerte Drehspule, die an Stelle der Spiralfedern mit Stromzuführungen aus äußerst dünnen, hochflexiblen Gold- oder Silberfolienstreifen versehen ist. Das bewegliche Organ hat daher keine bestimmte Ruhelage, der Zeiger bleibt an jeder Stelle der Skala stehen. Um ihn zu Beginn jeder Messung auf einen bestimmten Ausgangspunkt, z. B. auf den Skalennullpunkt, einzustellen, wird der Drehspule eine variable Spannung zugeführt, beispielsweise die EMK eines eingebauten Photoelements oder Induktors.

Beim Lichtmarken-Flußmesser wird das durch die Spannbänder ausgeübte Richtmoment photoelektrisch kompensiert, so daß auch hier das Meßwerk ganz ohne Richtkraft ist. Im übrigen ist die Arbeitsweise der Flußmesser die gleiche wie die des Kriechgalvanometers. Man kann also mit ihnen nicht nur kurze Spannungsstöße messen, wie sie z. B. bei Flußänderungen in einer Induktionsspule entstehen, sondern auch Spannungs-Zeit-Integrale über einen Zeitraum bis etwa 30 s.

3.5 Drehspul-Widerstandsmesser

Drehspulinstrumente geben die Möglichkeit, auf sehr einfache Weise auch Widerstände zu messen. Dazu wird der unbekannte Widerstand R_x in Reihe mit einem Spannungsmesser an eine Gleichspannung U gelegt (Bild 3.16). Zunächst wird in der Schalterstellung 1 die Spannung U gemessen, und nach Umlegen des Schalters in die Stellung 2 zeigt das Instrument die Teilspannung U_i an, die zusammen mit dem Spannungsabfall U_x am Widerstand R_x die Gesamtspannung U ergibt. Es verhalten sich dann die beiden Widerstände R_x und R_i wie die entsprechenden Teilspannungen

$$R_x : R_i = U_x : U_i \, , \tag{11}$$

und daraus berechnet sich

$$R_x = \frac{U - U_i}{U_i} \cdot R_i \tag{12}$$

So läßt sich jeder Spannungsmesser ohne weiteres zur Widerstandsmessung benutzen, wenn nur sein Meßbereich für die vorgesehene Meßspannung U ausreicht und sein Innenwiderstand R_i bekannt ist. Um aber die jedesmalige Berechnung des Widerstandswertes aus den Spannungsmesserangaben nach Gleichung (12) zu ersparen, kann man das Instrument direkt als Widerstandsmesser ausbilden und mit einer Ohmskala versehen, die am Skalenende (rechts) mit $R_x = 0$ beginnt und am Skalenanfang (links) mit $R_x = \infty$ endet. Bild 3.17 zeigt ein solches

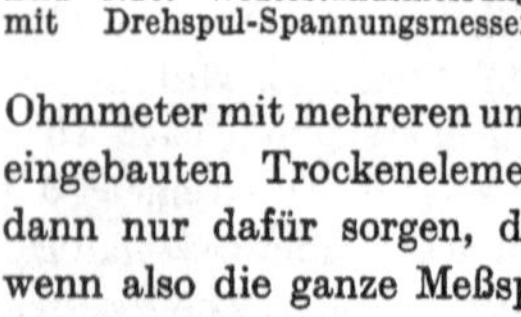

Bild 3.16. Widerstandsmessung mit Drehspul-Spannungsmesser

Bild 3.17. Ohmmeter für mehrere umschaltbare Meßbereiche, mit eingebauter Batterie *(Werkbild Gossen)*

Ohmmeter mit mehreren umschaltbaren Meßbereichen und einem eingebauten Trockenelement als Spannungsquelle. Man muß dann nur dafür sorgen, daß beim Außenwiderstand $R_x = 0$, wenn also die ganze Meßspannung allein am Instrument liegt, der Zeiger stets bis zum Skalenende ausschlägt. Das erreicht man durch Verstellen eines Spannungsteilers oder einer anderen Widerstandsanordnung, mit der entweder die Meßspannung oder die Meßwerkempfindlichkeit entsprechend verändert wird.

Bei diesem Meßprinzip werden Skalenverlauf und Meßbereichumfang durch den Eigenwiderstand des Anzeigeinstruments bestimmt. Ist $R_x = R_i$, so liegt an beiden Widerständen die gleiche Spannung $U/2$, der Zeiger steht also auf Skalenmitte; bei $R_x = 100\ R_i$ steht er, wie die Überlegung zeigt, um etwa $^1/_{100}$ der Skalenlänge neben dem Skalenanfang, bei $R_x = 0{,}01\ R_i$ ebensoweit neben dem Skalenende. Daher lassen sich verschiedene Meßbereiche durch umschaltbare Vor- oder Nebenwiderstände zum Meßwerk herstellen.

Das Verfahren der Widerstandsmessung mit Drehspulinstrumenten findet insbesondere bei Isolationsmessern (Megohmmetern, Bild 3.18) Anwendung, mit denen die Isolation von

Bild 3.18. Isolationsmesser mit Kurbelinduktor *(Werkbild Gossen)*

Leitungen, Maschinen und elektrischen Anlagen geprüft wird. Die einschlägigen VDE-Vorschriften verlangen einen bestimmten Mindestwert für den Isolationswiderstand, der bei der Nennspannung der Anlage, z. B. 250 V oder 500 V, zu messen ist. Deshalb enthält ein derartiger Isolationsmesser außer dem Anzeigeinstrument einen Kurbelinduktor, dessen Rotor über ein Zahnradgetriebe mit einer Handkurbel gedreht wird. Die erzeugte Spannung wird über einen Kommutator gleichgerichtet und meist noch stabilisiert, so daß sie unabhängig von der Umdrehungsgeschwindigkeit des Induktors ist. Das Meßinstrument zeigt dann auf der Megohm-Skala unmittelbar den Wert des angeschlossenen Isolationswiderstandes an. Für die Bedienung des Isolationsmessers ist es vorteilhafter, die Meßspannung einer eingebauten Batterie von mehreren Trockenelementen oder aufladbaren Akkumulatorenzellen zu entnehmen und sie mit Hilfe eines Transistor-Wechselrichters, eines Transformators und eines Gleichrichters auf den verlangten Wert zu bringen. Man hat dann beide Hände frei, um die mit Prüfspitzen versehenen Anschlußleitungen an die Meßstellen zu führen. Auch hier sind besondere Maßnahmen zur Erzielung einer konstanten Meßspannung erforderlich.

3.6 Drehspul-Quotientenmesser

Die Widerstandsmessung wird von der Spannung unabhängig, wenn man einen Quotientenmesser, eine Sonderausführung des Drehspulinstruments, verwendet. Dessen bewegliches Organ hat zwei in einem bestimmten Winkel zueinander gekreuzte Drehspulen mit dünnen, sehr flexiblen Stromzuführungsbändchen ohne jede Richtkraft. Im stromlosen Zustand hat daher diese Kreuzspule keine bestimmte Ruhelage. Durch ihre beiden Wicklungen führt man zwei Gleichströme derart, daß zwei gegeneinander wirkende, den Strömen proportionale Drehmomente entstehen. Im Gegensatz zu den Drehspulinstrumenten normaler Art wird hier der Luftspalt durch besondere Formgebung der Polschuhe ungleichmäßig gemacht, so daß z. B. die Induktion in Luftspaltmitte ein Maximum hat und nach beiden Seiten hin abnimmt. Wenn Drehspule 1 durch den Strom I_1 im Uhrzeigersinn, d. h. in Richtung abnehmender Induktion und kleineren Drehmoments, ausgelenkt wird, dann dreht sich die vom Strom I_2 durchflossene Drehspule 2 mit, jedoch in Richtung steigender Induktion und wachsenden Drehmoments. Das Gleichgewicht zwischen beiden Momenten und damit die Zeigerstellung ist bei gegebener Konstruktion allein abhängig von dem Verhältnis (Quotienten) der beiden Ströme.

Zur Widerstandsmessung schaltet man den unbekannten Widerstand R_1 mit der ersten und einen bekannten Vergleichswiderstand R_2 mit der zweiten Drehspule in Reihe und schließt beide Stromkreise parallel an eine Spannungsquelle, z. B. ein eingebautes Trockenelement, an (Bild 3.19). Dann verhalten sich die Ströme in den beiden Zweigen umgekehrt wie die Widerstände, und die Zeigerstellung gibt, unabhängig von der Batteriespannung, das Verhältnis der beiden Widerstände an. Für einen bestimmten Vergleichswiderstand R_2 erhält man eine Ohmskala

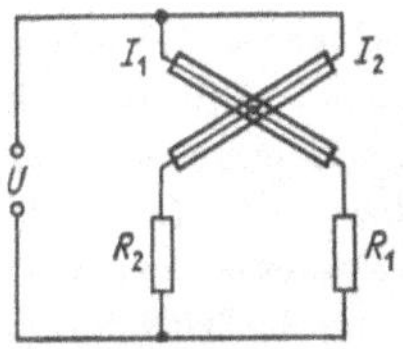

Bild 3.19. Schaltung eines Widerstands-Quotientenmessers

Bild 3.20. T-Spul-Meßwerk *(Werkbild AEG)*. 1 Drehspule, 2 Hilfsspule, 3 Kernmagnet, 4 Jochring

(mit Nullpunkt links), die den Wert des zu messenden Widerstandes direkt abzulesen gestattet. Durch Ändern der Polschuhform und des Kreuzspulenwinkels hat der Konstrukteur die Möglichkeit, Skalenteilung und Empfindlichkeit der Instrumente weitgehend zu beeinflussen.

In gleicher Weise wirken auch die T-Spul-Instrumente als Quotientenmesser. Sie enthalten ein Kernmagnet-Meßwerk (Bild 3.20), dessen Jochring von einer Hilfsspule umfaßt wird, die senkrecht zur Drehspule (in T-Form) angeordnet und mit dieser fest verbunden ist. Solange nur die Hilfsspule stromdurchflossen ist, stellt sie sich in die neutrale Zone des Magnetsystems ein. Aus dieser Ruhestellung, die dem Widerstand ∞ im Drehspulzweig entspricht, wird das bewegliche Organ durch einen zusätzlichen Strom in der Drehspule ausgelenkt. Die Zeigerstellung wird dann, wie beim Kreuzspulinstrument, unabhängig von der Batteriespannung allein durch das Verhältnis der beiden Widerstände R_1 und R_2 bestimmt. Drehspul-Quotientenmesser beider Arten dienen vielfach zu Temperaturmessungen. Man benutzt dazu als R_1 ein Widerstandsthermometer, d. h. eine Spule aus temperaturabhängigem Material (Nickel oder Platin), deren Widerstand ein Maß für die jeweilige Temperatur darstellt, und versieht das Instrument mit einer Celsiusgrad-Skala.

3.7 Gleichrichterinstrumente

3.7.1 Instrumente mit Halbleiter-Gleichrichtern

Drehspulinstrumente sind, da sich ihr Ausschlag mit der Stromrichtung umkehrt, nur für Gleichstrom geeignet. Will man mit ihnen auch Wechselströme und Wechselspannungen messen, so muß man Gleichrichter [11, 13] oder aber Thermoumformer (Abschnitt 8.2) zu Hilfe nehmen. Gleichrichter wandeln den vom Instrument aufgenommenen Wechselstrom in Gleichstrom um. Sie sind nur in einer Richtung stromdurchlässig, in der Sperrrichtung weisen sie einen relativ hohen Widerstand auf. Das Widerstandsverhältnis, d. h. das Verhältnis von Sperrwiderstand zu Durchlaßwiderstand, hat bei etwa 1 V einen günstigsten Wert in der Größenordnung von 10^6, nimmt aber nach kleineren Spannungen hin stark ab, um sich bei etwa 1 mV dem Wert 1 zu nähern. Hier hört also die Gleichrichterwirkung ganz auf. Gleichrichtermeßwerke benötigen daher stets eine Spannung von $0{,}5 \cdots 1$ V.

Zur Gleichrichtung dienten früher Selen- oder Kupferoxydul-Flächengleichrichter, heute verwendet man meist Germanium- oder Siliciumdioden. Diese bestehen aus einem kleinen Einkristall, der mit einer Metallspitze oder einer kleinflächigen Elektrode kontaktiert ist. Infolgedessen haben diese Kristalldioden eine geringe Eigenkapazität von nur wenigen Pikofarad und sind bis in das Hochfrequenzgebiet hinein verwendbar.

In der Einwegschaltung (Bild 3.21) geht jeweils nur die eine Halbschwingung des Wechselstroms $i_\sim$ durch das Instrument und den ihm vorgeschalteten Gleichrichter. Damit der Stromkreis in der anderen Halbperiode nicht jedesmal unterbrochen wird, muß man parallel dazu einen zweiten Gleichrichter in entgegengesetzter Richtung vorsehen. Der Ausschlag am Instrument entspricht, da das bewegliche Organ infolge seiner Trägheit den raschen Schwingungen des Wechselstroms nicht zu folgen vermag, dem zeitlichen linearen Mittelwert über die Halbperiode. Im allgemeinen nutzt man jedoch beide Halbschwingungen zur Messung aus, indem man eine Zweiweg-(Vollweg-)Gleichrichtung anwendet, die den doppelten Ausschlag am Instrument ergibt. Die in Bild 3.22 dargestellte Gegentaktschal-

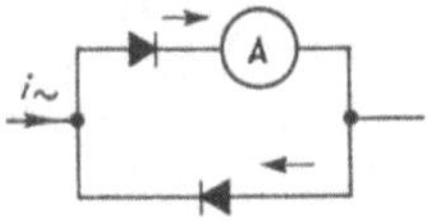

Bild 3.21. Einweg-Gleichrichterschaltung

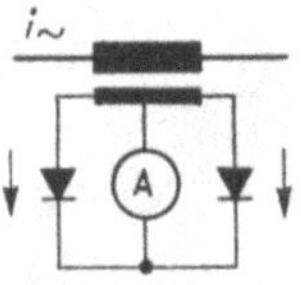

Bild 3.22. Zweiweg-Gleichrichterschaltung

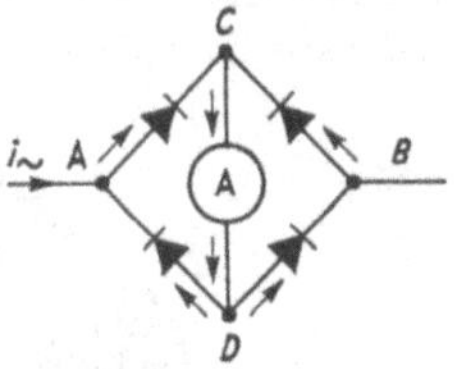

Bild 3.23. Graetz-Schaltung

tung benötigt einen Transformator, der dann auch größere Ströme zu messen gestattet. Dabei geht eine Halbschwingung über den ersten, die andere über den zweiten Gleichrichter durch das Instrument zum Mittelpunkt der Sekundärwicklung. Eine andere, häufig angewendete Möglichkeit ist die *Graetz*-Schaltung nach Bild 3.23, zu der kein Transformator erforderlich ist. Vier Gleichrichter sind in einer Brückenschaltung so angeordnet, daß wiederum beide Halbschwingungen das Meßinstrument in derselben Richtung durchfließen: die erste von A über C und D nach B, die zweite von B über C und D nach A. Man kann hierbei auch zwei Gleichrichter, z. B. B–C und B–D, durch zwei gleiche Widerstände ersetzen und erzielt dadurch einen geringeren Spannungsabfall zwischen A und B, was sich vorteilhaft auf den Eigenverbrauch des Instruments auswirkt. Verwendet man statt dessen zwei gleiche Kondensatoren, so wird durch ihre Aufladung die Spannung am Instrument und damit die Anzeige verdoppelt (Spannungsverdoppler-Schaltung nach *Greinacher*).

Zur Messung von Wechselspannungen werden die Gleichrichterinstrumente mit Vorwiderständen versehen; Wechselströme oberhalb etwa 0,1 A werden über Nebenwiderstände im Wechselstromkreis oder aber über einen eingebauten Transformator gemessen. Infolge der starken Temperaturabhängigkeit der Halbleiter-Gleichrichter haben die Instrumente einen relativ hohen Temperatureinfluß und erreichen deshalb nur die Genauigkeit der Klasse 1,5. Dennoch werden sie zum Messen, Prüfen und Experimentieren häufig verwendet, besonders als Universal-

Bild 3.24. Vielbereich-Strom- und Spannungsmesser für Gleich- und Wechselstrom „Elavi" *(Werkbild H & B-Elima)*

messer, d. h. als kombinierte Strom- und Spannungsmesser für Gleich- und Wechselstrom mit einer größeren Zahl umschaltbarer Meßbereiche (Bild 3.24). Dabei ist dem Drehspulmeßwerk für die Wechselstrom- und Wechselspannungsbereiche eine der beschriebenen Gleichrichteranordnungen vorgeschaltet.

Solche Universalmesser erhalten eine Doppelskala mit gesonderten Teilungen für Gleich- und Wechselstrom; denn während die Gleichstromskala wie bei allen Drehspulinstrumenten gleichmäßig geteilt ist, wird die Teilung der Wechselstromskala durch die gekrümmte Gleichrichtercharakteristik bestimmt: sie ist am Anfang gedrängt und wird nach oben hin nahezu linear. Im Fall der Zweiweggleichrichtung wird der Gleichrichtwert [26] des Wechselstroms, das ist der zeitliche lineare Mittelwert der Beträge, angezeigt:

$$\overline{|i|} = \frac{1}{T} \int_0^T |i| \mathrm{d}t, \tag{13}$$

bei der seltener angewendeten Einweggleichrichtung die Hälfte dieses Wertes.

Im allgemeinen interessiert jedoch in der Praxis der Effektivwert, der bei sinusförmigen Meßgrößen um den Faktor 1,11 größer als der Gleichrichtwert ist. Da alle übrigen Wechselstrominstrumente Effektivwerte anzeigen, wird bei den Gleichrichterinstrumenten die Eichung der Wechselstromskala stillschweigend um des einheitlichen Maßes willen um den Faktor 1,11 vergrößert, so daß bei sinusförmigen Meßgrößen ebenfalls Effektivwerte angezeigt werden. Bei der Messung von verzerrten Strömen oder Spannungen können dann allerdings erhebliche Kurvenformfehler auftreten.

3.7.2 Instrumente mit mechanischen Gleichrichtern

Für spezielle Meßaufgaben, beispielsweise wenn bei magnetischen Messungen nach dem exakten linearen Mittelwert einer Wechselspannung gefragt ist, verwendet man Instrumente mit mechanischen Gleichrichtern. Diese geben zugleich die Möglichkeit, Wechselströme und Wechselspannungen sowohl nach Betrag als auch nach Phasenlage zu messen [15].

Der in Bild 3.25 abgebildete Vektormesser enthält in dem sogenannten Meßkopf (Bild 3.26) einen Federkontakt, der von einem synchron mit der Meßgröße rotierenden Exzenterstift betätigt wird. Mit Hilfe einer Stellschraube läßt sich die Kontaktdauer verändern, so daß man je nach Bedarf beliebige Zeitabschnitte aus der Wechselstromkurve ausschneiden kann.

Bild 3.25. Vektormesser *(Werkbild AEG)*

Bild 3.26. Meßkopf des Vektormessers mit Kontaktwerk *(Werkbild AEG)*

Durch Verdrehen des Meßkopfs gegen den Stator des Synchronmotors hat man fernerhin die Möglichkeit, die Schaltphase zu variieren. Wählt man z. B., wie in den meisten praktischen Fällen, eine Kontaktdauer von 180 elektrischen Graden ($T/2$) und stellt die Schaltphase von einem Nulldurchgang zum nächsten ein (Bild 3.27 a), so erhält man eine ideale Einweggleichrichtung:

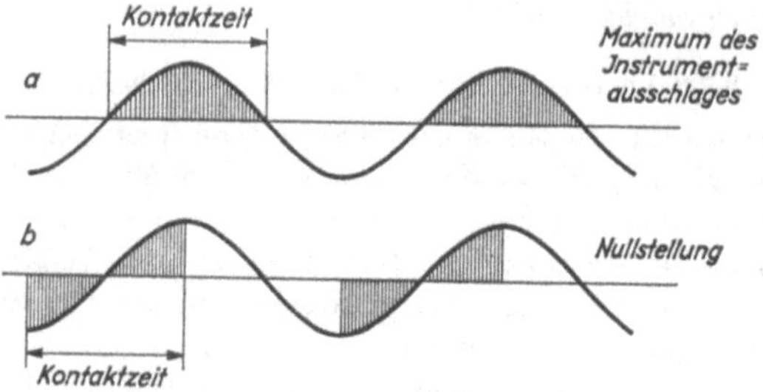

Bild 3.27. Ausschnitte aus der Wechselstromkurve bei verschiedenen Schaltphasen und 180° Kontaktdauer

während der ersten Halbperiode wird der Meßstrom durchgelassen und während der zweiten Halbperiode gesperrt. Dabei beträgt der Sperrwiderstand etwa $10^8\ \Omega$, der Durchlaßwiderstand dagegen nur einige Milliohm. Dreht man den mit einer Winkelgradteilung versehenen Meßkopf um 90° weiter, so reicht die Kontaktzeit von einem Kurvenscheitelpunkt bis zum entgegengesetzten (Bild 3.27b). Dieser sehr exakt auffindbare Schaltzustand, bei dem das Instrument keinen Ausschlag zeigt, dient zur Bestimmung der Phasenlage, während der Betrag der Meßgröße in der zuvor genannten Schaltphase (Fall a) gemessen wird. Hierbei ist eine Genauigkeit entsprechend der Klasse 0,5 erreichbar. Der Vektormesser ist mit eingebauten Neben- und Vorwiderständen für eine Reihe von umschaltbaren Strom- und Spannungsmeßbereichen versehen. Sein Frequenzbereich (15 ··· 100 Hz) ist im wesentlichen durch die Eigenschaften des Kontaktwerks und des Antriebsmotors gegeben.

Bei einer zweiten Ausführungsart, dem Schwingkontakt-Gleichrichter, wird eine dauermagnetische Stahlzunge von einem Wechselstrommagnet in Schwingung versetzt, so daß auch hier ein Schaltkontakt im Rhythmus des erregenden Wechselstroms geöffnet und wieder geschlossen wird. Um die Schaltphase ändern zu können, muß man den Wechselstrommagnet über einen Phasenschieber speisen, der seinerseits eine dreiphasige Stromversorgung von der Frequenz der Meßgröße benötigt. Im übrigen ist die Arbeitsweise prinzipiell die gleiche wie die des Vektormessers. Das Hauptanwendungsgebiet der Instrumente mit mechanischem Gleichrichter ist das der magnetischen Messungen.

4 Drehmagnetinstrumente

4.1 Meßwerk

Das Drehmagnetmeßwerk stellt eine Umkehrung des Drehspulprinzips dar: Ein kleiner drehbar gelagerter Dauermagnet wird von dem Feld einer feststehenden, gleichstromdurchflossenen Spule ausgelenkt. Bei den ältesten elektrischen Meßinstrumenten, den Nadelgalvanometern und der Tangentenbussole, bestand das bewegliche Organ aus einer Magnetnadel, das Erdfeld bildete die Richtkraft. Meßwerke dieser Art waren jedoch nicht genügend konstant und vor allem äußerst empfindlich gegen magnetische Fremdfelder.

Neuere Konstruktionen sehen innerhalb der beiden Feldspulenhälften einen zylindrischen, in Durchmesserrichtung magnetisierten Dauermagnet vor oder auch eine dünne Scheibe aus einer walzbaren CuNiFe-Legierung (Bild 4.1). Das Richt-

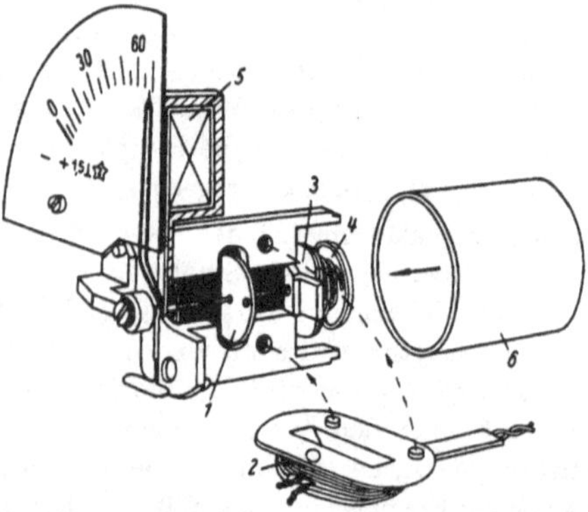

Bild 4.1. Drehmagnetmeßwerk *(Werkbild Siemens)*. 1 Drehmagnet, 2 Feldspule, 3 Richtmagnet, 4 magnetischer Nebenschluß, 5 Luftdämpfung, 6 magnetische Abschirmung

moment liefert ein zweiter, feststehender Magnet, der außerhalb der Spulen angeordnet ist. Ihm benachbart ist eine verstellbare Weicheisenscheibe, die als magnetischer Nebenschluß zur Justierung der Meßwerkempfindlichkeit dient. In der Ruhelage stellt sich der Drehmagnet so zum Richtmagnet ein, daß sich die ungleichnamigen Pole gegenüberstehen, und dreht sich, wenn die Feldspulen durch den Meßstrom erregt werden, in die Richtung des resultierenden Feldes. Man kann den Winkel zwischen den magnetischen Achsen von Feldspule und Richtmagnet so wählen, daß der Ausschlagwinkel annähernd proportional dem Meßstrom wird, so daß sich eine fast gleichmäßige Skalenteilung ergibt.

Drehmagnetmeßwerke werden vielfach mit Luftdämpfung ausgerüstet, zuweilen auch mit Wirbelstromdämpfung in Gestalt eines Kupfermantels, in dem der Drehmagnet bei seiner Bewegung Wirbelströme erzeugt. Zum Schutz gegen magnetische Fremdfelder werden die Meßwerke mit einer Abschirmung umgeben, einem geschlossenen Zylinder oder Topf aus magnetisch gut leitendem Material, z. B. Nickeleisenblech (Mumetall).

4.2 Ausführungen

Der wesentliche Vorteil gegenüber den Drehspulmeßwerken besteht in der überaus einfachen und billigen Bauweise, die keine stromführenden beweglichen Teile erfordert und infolgedessen besonders stoßfest, betriebssicher und überlastbar ist. Drehmagnetinstrumente finden daher vornehmlich Anwendung als Schalttafel- und Bordinstrumente mittlerer Genauigkeit. Sie sind ebenso wie die Drehspulinstrumente nur für Gleichstrom verwendbar und können wie diese mit Mitteln zur Temperaturkompensation und mit Neben- und Vorwiderständen zur Erweiterung der Strom- und Spannungsmeßbereiche versehen werden. Nachteilig sind die geringere Empfindlichkeit und der höhere Eigenverbrauch infolge der weit geringeren Magnetenergie des Dauermagnets und der größeren Luftwege der Feldlinien.

Die konstruktiven Vorzüge, vor allem das Fehlen von Stromzuführungen zum beweglichen Organ, machen das Drehmagnetsystem besonders geeignet für Quotientenmesser zur Widerstandsmessung. In diesem Fall bleibt das Meßwerk — ähnlich wie das Kreuzspulmeßwerk — richtkraftlos, also ohne Richtmagnet. Man ordnet dann unter einem bestimmten Winkel, z. B. senkrecht zueinander, zwei Feldspulen oder Feldspulenpaare an, die entsprechend Bild 3.19 über zwei Widerstände R_1 und R_2 an die gleiche Spannungsquelle angeschlossen werden. Die Richtung des resultierenden Feldes, in die sich der Drehmagnet einstellt, ist allein von dem Verhältnis der beiden Zweigströme abhängig. Mithin ist für einen bestimmten Vergleichswiderstand R_2 der Zeigerausschlag direkt ein Maß für den Widerstand R_1, unabhängig von der angelegten Meßspannung. Drehmagnet-Quotientenmesser werden mit Vorliebe für Widerstands- und Isolationsmessungen sowie zur Temperaturmessung mit Widerstandsthermometern verwendet.

5 Dreheiseninstrumente

5.1 Meßwerk

Das Dreheisenmeßwerk beruht auf der Kraft, die eine stromdurchflossene Spule auf ein oder mehrere bewegliche Eisenteile ausübt. Die ersten Instrumente dieser Art, früher Weicheisen- oder elektromagnetische Instrumente genannt, wurden 1884 von *Kohlrausch* angegeben. Bei diesen wurde ein federnd aufgehängter Eisenkern in eine zylindrische Feldspule bei Stromdurchgang hineingezogen. Später ersetzte man die geradlinige Bewegung durch eine Drehbewegung und ließ ein stark exzentrisch gelagertes rundes Eisenplättchen in den Schlitz einer Flachspule hineindrehen. In beiden Fällen dienten Gewichte oder eine Feder als Gegenkraft, und die Verschiebung, die der Zeiger auf der Skala anzeigte, bildete ein Maß für den Strom in der Feldspule.

Heute verwendet man wohl ausnahmslos Rundspulmeßwerke. Bei der in Bild 5.1 dargestellten Ausführung befinden sich im Innern der zylindrischen Feldspule in geringem Abstand voneinander zwei koaxial angeordnete Kernbleche, das eine am Spulenkörper, das andere drehbar an der Meßwerkachse befestigt. Beide werden durch das axial gerichtete Spulenfeld gleichsinnig magnetisiert und stoßen sich daher ab, und zwar um so mehr, je stärker der zu messende Strom in der Spule ist. Infolgedessen führt das bewegliche Organ eine Drehbewegung aus, der das Richtmoment einer oder zweier Spiralfedern entgegenwirkt. Das erzeugte Drehmoment und damit auch der Zeigerausschlag hängt sowohl von der Feldstärke in der Spule als auch von der magnetischen Induktion im Dreheisen, d. h. annähernd vom Quadrat des Meßstroms ab. Doppelten Stromwerten entsprechen somit vierfache Zeigerausschläge. Durch besondere Formgebung der Bleche (Bild 5.1b) hat man aber die

Bild 5.1a. Dreheisen-Rundspulmeßwerk *(Werkbild H & B)*. 1 Feldspule, 2 feststehendes Eisen, 3 Dreheisen, 4 Spiralfeder, 5 Nullstellung, 6 Dämpferkammer, 7 Dämpferflügel

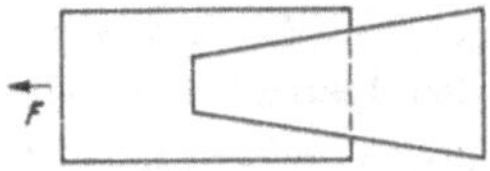

Bild 5.1b. Abwicklung der Kernbleche

Möglichkeit, die Skalenteilung weitgehend zu beeinflussen und dem jeweiligen Verwendungszweck des Instruments anzupassen. So strebt man z. B. für Strommesser mit einem möglichst großen Meßbereich eine gleichmäßig geteilte Skala an, für überlastbare Strommesser in Motorstromkreisen hingegen eine am Ende stark zusammengedrängte Skalenteilung und für Schalttafel-Spannungsmesser, die nur in einem begrenzten Bereich nahe der Nennspannung benutzt werden, eine im oberen Abschnitt der Skala weit gespreizte Teilung (Bild 5.2).

Neben der beschriebenen Ausführung mit koaxialen Kernblechen baut man vielfach, insbesondere für Präzisionsinstrumente, Meßwerke mit radial stehenden, ebenen Rechteckblechen

Bild 5.2. Skalenteilungen von Dreheiseninstrumenten: a) für Strommesser mit weitem Meßbereich, b) für überlastbare Motorstrommesser, c) für Schalttafel-Spannungsmesser

(Bild 5.3), von denen das eine fest, das andere drehbar angeordnet ist. Hier läßt sich die ursprünglich quadratische Skalencharakteristik fast vollkommen linearisieren durch besondere,

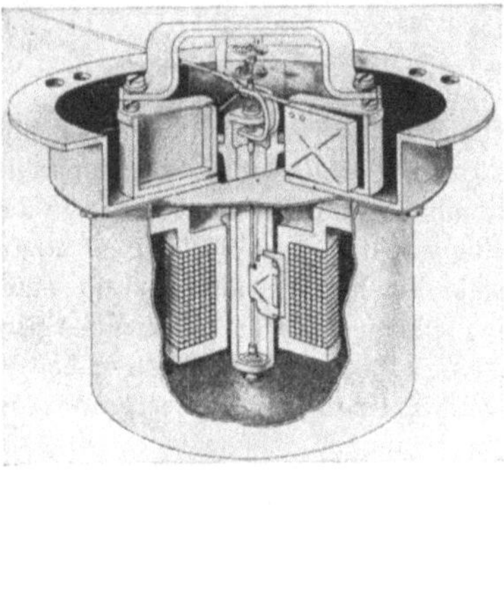

Bild 5.3. Dreheisen-Zeigermeßwerk mit radialen Kernblechen *(Werkbild AEG)*

z. B. elliptische oder abgeflachte Spulenform und durch mehr oder weniger exzentrische Anordnung der Meßwerkachse innerhalb der Feldspule. Diese Ausführung liefert zwar gegenüber der erstgenannten ein geringeres Drehmoment, was bei Präzisionsinstrumenten naturgemäß eher vertretbar ist als bei Schalttafel- und Betriebsinstrumenten, bietet dafür aber, wie später noch gezeigt wird, andere Vorteile.

Bei den genannten Ausführungen ist die Kraftwirkung zwischen den beiden Systemeisen unabhängig von der Stromrichtung, so daß die Dreheiseninstrumente auch für Wechselstrom verwendbar sind. Das bewegliche Organ ist jedoch zu träge, um den Schwingungen des Wechselstroms folgen zu können. Es stellt sich daher auf einen mittleren Wert ein, der wegen des quadratischen Charakters des Meßwerks dem quadratischen Mittelwert oder Effektivwert [26, 27]

$$I = \sqrt{\frac{1}{T}\int_0^T i^2 \,\mathrm{d}t} \tag{14}$$

des Meßstroms entspricht. In der Wechselstromtechnik interessiert fast immer nur der Effektivwert eines Stromes oder einer Spannung, und dieser wird von den Dreheiseninstrumenten — ebenso wie auch von allen übrigen Wechselstrominstrumenten mit Ausnahme der Gleichrichterinstrumente — unabhängig von der Kurvenform angezeigt.

Das Dreheisenmeßwerk zeichnet sich durch eine höchst einfache und widerstandsfähige Bauart aus und ist, zumal es keine stromführenden beweglichen Teile enthält, auch rauhem Betrieb und stärkeren Überströmen gewachsen. Zur Unterdrückung störender Zeigerschwingungen wendet man im allgemeinen eine Luftkammerdämpfung (Bild 5.1 und 5.3), seltener elektromagnetische Wirbelstromdämpfung an. Die Feldstärke im Meßwerkraum beträgt nur 50 ··· 300 A/cm gegenüber 1200 ··· 4000 A/cm beim Drehspulmeßwerk. Deshalb sind, wenn höhere Genauigkeit verlangt wird, besondere Maßnahmen zum Schutz gegen magnetische Fremdfelder erforderlich. Früher benutzte man dazu astatische Anordnungen, d. h. zwei gleichartige Meßwerke mit einer gemeinsamen Achse, aber gegensinnig vom Strom durchflossenen Feldspulen. Da jedoch die Astasierung den Dreheiseninstrumenten keinen hinreichenden Schutz insbesondere gegen inhomogene Fremdfelder bietet, wird heute nur noch die weit wirksamere und billigere magnetische Abschirmung (Bild 5.3), in hochwertigen Instrumenten unter Umständen sogar eine zweifache Abschirmung aus Mumetall oder einer ähnlichen hochpermeablen Nickeleisenlegierung angewendet.

Weiterhin sind die Hysterese- und Wirbelstromeinflüsse auf die im Meßwerk enthaltenen Eisenteile zu berücksichtigen. Bei Messungen mit Gleichstrom bewirkt die Hysterese in den Systemeisen bei abnehmendem Strom höhere Anzeige als für denselben Meßwert bei ansteigendem Strom. Dieser Hysteresefehler läßt sich durch Verwendung von Kernblechen aus Nickeleisen mit geringer Hysterese genügend klein halten. Bei Wechselstrom spielt der Hystereseeffekt keine Rolle, dafür aber treten in den Metallteilen, die dem Spulenfeld ausgesetzt sind, Wirbelströme auf. Sie verringern den Zeigerausschlag gegenüber der Gleichstromanzeige und verursachen, da sie mit dem Quadrat der Frequenz zunehmen, einen erheblichen Frequenzeinfluß. Das kann sich bereits bei verzerrten Strömen und Spannungen technischer Frequenz (50 Hz) bemerkbar machen, weil dann die Anteile der höheren Harmonischen zu gering bewertet werden. Dem sucht man durch eine wirbelstromarme Meßwerkkonstruktion sowie durch zweckmäßige Wahl der Induktion in den Systemeisen zu begegnen. Man legt den Arbeitsbereich in den unteren, geradlinigen Teil der Magnetisierungskurve und erreicht damit, daß die Wirbelströme klein bleiben und daß man auch bei stark verzerrter Kurvenform mit den Kurvenspitzen nicht in das Sättigungsgebiet gerät, in dem die Proportionalität zwischen Erregerstrom und Induktion nicht mehr gewahrt ist.

5.2 Ausführungen

Nach dem Dreheisenprinzip werden sowohl Schalttafel- und Betriebsinstrumente — zumeist in Klasse 1,5 oder 1 — hergestellt als auch Laboratoriumsinstrumente höchster Präzision. Demgemäß ist der Aufwand hinsichtlich Material und Herstellung sehr unterschiedlich. So können Schalttafelinstrumente, die in eine Anlage fest eingebaut werden und nur für einen einzigen Verwendungszweck, z. B. zur Anzeige der Netzwechselspannung 50 Hz, bestimmt sind, in der Konstruktion außerordentlich einfach und preiswert gehalten werden. Der Eigenverbrauch spielt dabei keine wesentliche Rolle, so daß man das Meßwerk mit kräftigem Richtmoment und die Feldspule mit hoher Durchflutung (300⋯400 A) auslegen kann. Für die Kernbleche sind einfache Eisensorten ausreichend, und die vorher geschilderten technologischen Feinheiten brauchen nicht berücksichtigt zu werden.

Um solche Instrumente, z. B. für den Einbau in Fahrzeuge, stoß- und erschütterungsfest zu machen, versieht man ihr Meßwerk mit einer Spannbandlagerung derart, daß die formstarre

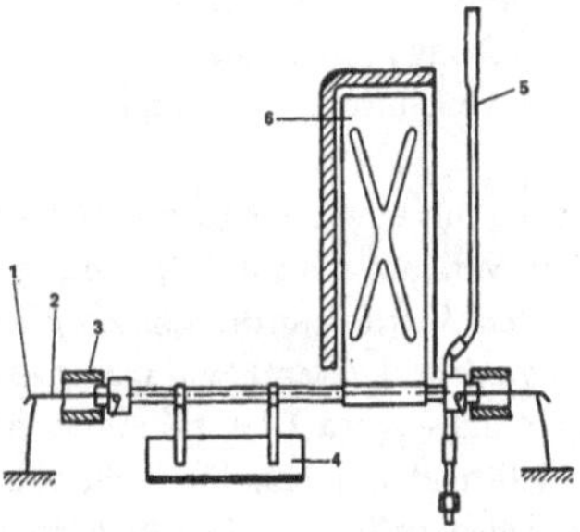

Bild 5.4. Dreheisen-Zeigermeßwerk mit Spannbandlagerung für Schalttafelinstrumente *(Werkbild Siemens)*. 1 Spannfeder, 2 Spannband, 3 Abfangung, 4 Dreheisen, 5 Zeiger, 6 Luftdämpfung

Meßwerkachse von kurzen, nur etwa 10 mm langen Spannbändern gefaßt wird (Bild 5.4). Auf diese Weise werden auch bei waagerechter Achslage Durchhang und seitliche Auslenkung durch Radialkräfte außerordentlich klein gehalten. Übermäßige

Bewegungen in Achs- und Querrichtung werden, wie üblich, durch Abfänger begrenzt. Die reibungs- und verschleißfreie Spannbandlagerung ergibt gleichzeitig eine beträchtliche Steigerung der Empfindlichkeit, so daß auch kleine Ströme — Meßbereiche bis 1 mA — gemessen werden können.

Dreheiseninstrumente sind ebenso wie die Drehspulinstrumente sowohl zur Strommessung als auch zur Spannungsmessung geeignet. Bei den Strommessern leitet man den Meßstrom durch die Feldspule, die je nach dem vorgesehenen Meßbereich aus dünnerem oder dickerem Kupferdraht oder auch aus Kupferband gewickelt ist. Schalttafelinstrumente werden bis zu einigen 100 A ausgeführt, Präzisionsinstrumente im allgemeinen nur bis 12 A. Für noch größere Ströme würde die Leitungsführung zu unhandlich und das Meßwerk zu sehr von den Magnetfeldern der Stromzuführungen beeinflußt werden. Eine Meßbereicherweiterung durch Nebenwiderstände ist bei Dreheiseninstrumenten nicht möglich; denn die unterschiedliche Temperatur- und Frequenzabhängigkeit von Feldspule und Parallelwiderstand würde kein gleichbleibendes Verhältnis der beiden Teilströme ergeben. Zur Messung größerer Ströme benutzt man daher für Gleichstrom Drehspulinstrumente mit Nebenwiderständen, für Wechselstrom Dreheiseninstrumente in Verbindung mit Stromwandlern (Kapitel 12).

Um die notwendige Durchflutung mit einem möglichst kleinen Strom (20 ··· 100 mA) zu erzielen, versieht man die Spannungsmesser mit einer Feldspule aus vielen Windungen dünnen Kupferdrahts, der noch ein hoher Manganinwiderstand, entsprechend dem Spannungsmeßbereich, vorgeschaltet wird. Dieser Widerstand hat eine mehrfache Aufgabe. Während nämlich die Erhöhung des Spulenwiderstandes infolge Eigenerwärmung für die Strommessung keine Rolle spielt, bewirkt sie beim Spannungsmesser eine Verringerung des Spulenstroms und damit eine Anzeigeänderung. Dem begegnet man dadurch, daß man ein Vielfaches des Kupferwiderstandes aus temperaturunabhängigem Manganindraht vorschaltet (Abschnitt 3.2). Gleichzeitig wird auch der Einfluß der Spuleninduktivität herabgesetzt, wenn die Vorwiderstände induktivitätsarm, z. B. bifilar oder auf dünne Scheiben, gewickelt werden. Das ist wichtig für solche Instrumente, die in einem größeren Frequenzbereich verwendet werden sollen. Die Vorwiderstände werden bei Schalttafelinstrumenten meist gesondert montiert, bei tragbaren Instrumenten in das Gehäuse eingebaut, wobei dann für ausreichende Belüftung und Wärmeabfuhr gesorgt werden muß. Für Spannungsbereiche über 600 V sind schon aus Sicherheitsgründen getrennte Vorwiderstände zu empfehlen.

Tragbare Dreheiseninstrumente werden für vielerlei Meßaufgaben eingesetzt und sind deshalb meist mit mehreren Meßbereichen versehen. Die Spannungsmesser erhalten dann einen Vorwiderstand mit entsprechenden Anzapfungen, die entweder an verschiedene Klemmen oder an einen Umschalter geführt werden. Bei Strommessern kann man die Feldspule in zwei Hälften unterteilen und diese dann durch Stöpsel oder Drehschalter wahlweise parallel oder in Reihe schalten. Dadurch gewinnt man allerdings nur zwei Meßbereiche im Verhältnis 1 : 2. Auch eine vierfache Unterteilung für 3 Meßbereiche im Verhältnis 1 : 2 : 4 ist möglich. Die von der Feldspule aufgenommene Leistung für den vollen Zeigerausschlag beträgt je nach Ausführung und Güte 1 W für Schalttafelinstrumente und bis herunter zu 3 mW bei Lichtmarkeninstrumenten höchster Empfindlichkeit. Ein Spannungsmesser mit 9facher Widerstandsvorschaltung hat dann einen 10mal so hohen Eigenverbrauch.

Dreheisen-Präzisionsinstrumente lassen sich mit Zeigermeßwerken bis zur Güteklasse 0,2, mit Lichtmarkenmeßwerken bis zur Güteklasse 0,1 herstellen, sie sind also den Drehspulinstrumenten hinsichtlich Genauigkeit vollkommen gleichwertig. Ihr großer Vorteil besteht in der übereinstimmenden Anzeige bei Gleich- und Wechselstrom, so daß sie mit einer gemeinsamen Skala für Gleich- und Wechselstrom versehen und mit dem

Gleichstromkompensator genauestens geeicht und nachgeprüft werden können. Dies wird erreicht durch Verwenden von Kernblechen aus hochwertigen Nickeleisenlegierungen mit extrem schmaler Hystereseschleife. Solche Materialien sind allerdings außerordentlich empfindlich gegen mechanische Beanspruchungen. Deshalb ist es in diesem Falle günstiger, als Kernbleche radial stehende, ebene Rechteckplättchen zu wählen, da diese sich leichter verzug- und verspannungsfrei herstellen und montieren lassen. Durch wirbelstromarmen Meßwerkaufbau erhält man einen weiten Frequenzbereich, der von 15 ⋯ 1000 Hz und zum Teil sogar darüber hinaus reicht.

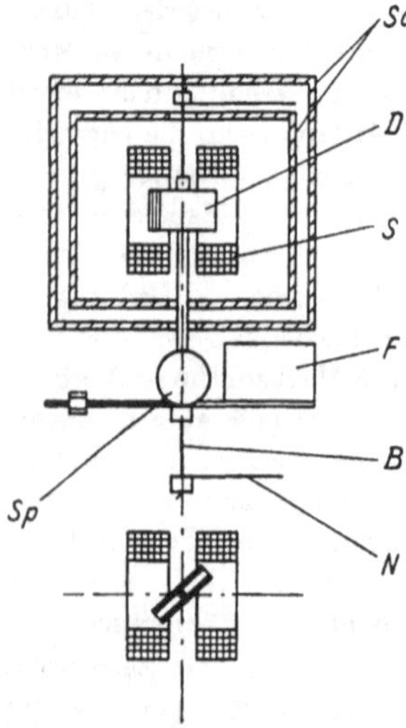

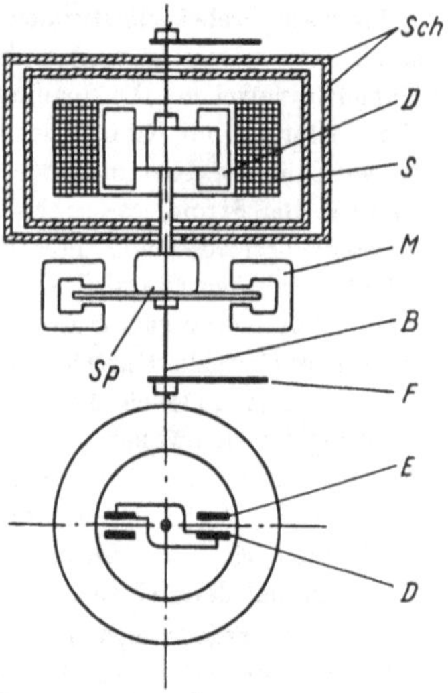

Bild 5.5. Dreheisen-Lichtmarkenmeßwerk mit einem Systemeisen *(Werkbild AEG)*. B Spannband, D Dreheisen, F Dämpfungsfahne, N Spannfeder, S Feldspule, Sch magnetische Abschirmung, Sp Drehspiegel

Bild 5.6. Dreheisen-Lichtmarkenmeßwerk mit 2 festen und 2 beweglichen Systemeisen *(Werkbild AEG)*. B Spannband, D Dreheisen, E feste Eisen, F Blattfeder, M Dämpfungsmagnet, S Feldspule, Sch magnetische Abschirmung, Sp Drehspiegel

Die Meßwerke der ersten *Lichtmarken*instrumente enthielten nur ein einziges Systemeisen, das symmetrisch innerhalb eines Feldspulenpaars angeordnet war und sich bei Stromdurchgang durch die Spule in die Feldrichtung zu drehen suchte (Bild 5.5). Stärkeres Drehmoment und günstigere meßtechnische Eigenschaften liefert eine neuzeitliche Ausführung mit 2 festen und 2 beweglichen Kernblechen. Bild 5.6 zeigt das Prinzip dieser Konstruktion, die wie alle Lichtmarkenmeßwerke eine Spannbandlagerung vorsieht. Dabei ist vollkommene Symmetrie der aktiven Teile zur Meßwerkachse Voraussetzung, damit radiale Beanspruchungen, welche die Anzeige fälschen würden, mit Sicherheit ausgeschlossen werden. Als Drehspiegel ist hier ein zweiflächiger Dachspiegel angedeutet, wie er für Lichtmarkeninstrumente mit Doppelskala (S. 67) verwendet wird.

6 Elektrodynamische Instrumente

6.1 Meßwerk

Das Meßwerk der elektrodynamischen Instrumente enthält eine feststehende Feldspule, in deren Magnetfeld eine zweite Spule drehbar angeordnet ist. Wenn beide Spulen stromdurchflossen sind, entsteht ein Drehmoment, das die bewegliche Spule

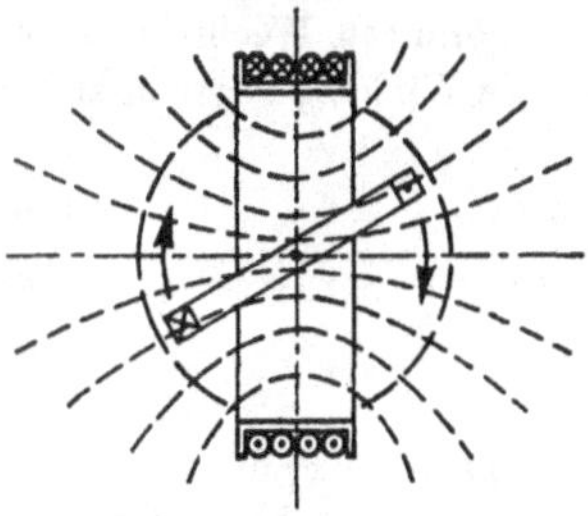

Bild 6.1. Prinzip des elektrodynamischen Meßwerks

so zu drehen sucht, daß beide Spulen gleiche Feldrichtung haben (Bild 6.1). Dem wirkt das Richtmoment zweier Spiralfedern entgegen, die wie beim Drehspulinstrument gleichzeitig zur

Stromzuführung dienen. Wird die Feldspule als rechteckige Flachspule ausgebildet, so entsteht ein nahezu gleichmäßiges Radialfeld über einen Winkelbereich von 80···90°, so daß die Drehspule in jeder Stellung derselben Feldstärke ausgesetzt ist. Dann ist das Drehmoment und damit auch der Ausschlagwinkel α proportional dem Produkt der beiden Spulenströme

$$M \sim \alpha \sim I_1 I_2. \tag{15}$$

Wechselt man die Stromrichtung in einer der beiden Spulen, so ändert sich die Ausschlagrichtung, nicht jedoch, wenn gleichzeitig beide Ströme ihre Richtung umkehren. Die elektrodynamischen Instrumente sind daher auch für Wechselstrom verwendbar. Dann gilt für das Drehmoment, wenn die Augenblickswerte mit kleinen Buchstaben bezeichnet werden,

$$m \sim i_1 i_2. \tag{16}$$

Da das bewegliche Organ infolge seiner Trägheit den raschen Änderungen des Drehmoments nicht folgen kann, stellt sich ein ruhiger, mittlerer Ausschlag α, entsprechend dem mittleren Drehmoment M, ein:

$$M \sim \alpha \sim \frac{1}{T}\int_0^T i_1\, i_2\, \mathrm{d}t. \tag{17}$$

Die beiden Spulen mögen von sinusförmigen Wechselströmen i_1, i_2 durchflossen werden, die um einen Winkel φ gegeneinander phasenverschoben sind:

$$i_1 = \hat{i}_1 \sin \omega t \tag{18}$$

$$i_2 = \hat{i}_2 \sin (\omega t \pm \varphi). \tag{19}$$

Dann ist das mittlere Drehmoment

$$M \sim \frac{1}{T}\int_0^T \hat{i}_1 \sin \omega t \cdot \hat{i}_2 \sin\ (\omega t \pm \varphi)\, \mathrm{d}t \tag{20}$$

oder $$M \sim \frac{1}{T}\hat{i}_1 \hat{i}_2 \int_0^T (\sin^2 \omega t \cos \varphi \pm \sin \omega t \cos \omega t \sin \varphi)\, \mathrm{d}t. \tag{21}$$

Da
$$\int_0^T \sin^2 \omega t \, dt = \frac{T}{2} \tag{22}$$

und
$$\int_0^T \sin \omega t \cos \omega t \, dt = 0\,, \tag{23}$$

so wird
$$M \sim \frac{1}{2} \hat{i}_1 \hat{i}_2 \cos \varphi. \tag{24}$$

Führt man statt der Scheitelwerte die Effektivwerte $I_1 = \hat{i}_1/\sqrt{2}$ und $I_2 = \hat{i}_2/\sqrt{2}$ ein, so erhält man für das mittlere Drehmoment und den Ausschlagwinkel

$$M \sim \alpha \sim I_1 I_2 \cos \varphi, \tag{25}$$

d. h. bei Wechselstrom ist der Ausschlag proportional den beiden Spulenströmen und dem Kosinus des von ihnen eingeschlossenen Winkels.

Nach dem elektrodynamischen Prinzip lassen sich Strom- und Spannungsmesser, vor allem aber Leistungsmesser herstellen. Dabei sind grundsätzlich zwei Ausführungen zu unterscheiden: eine eisenlose, bei der das Meßwerk zur Vermeidung von Hysterese- und Wirbelstromeffekten ganz ohne Eisen und unter sparsamster Verwendung metallener Konstruktionsteile aufgebaut ist, und eine mit eisengeschlossenem (ferrodynamischem) Meßwerk, die in Abschnitt 6.4 beschrieben wird und den Schalttafel- und Betriebsinstrumenten vorbehalten ist. Die Feldspule besteht meist aus zwei Hälften, zwischen denen die Achse mit der Drehspule angeordnet ist. Die Drehspule wird freitragend ohne Trägerrähmchen gewickelt, weil in ihm bei Wechselstrombetrieb Wirbelströme entstehen und die Anzeige fälschen würden. Unerwünschte Zeigerschwingungen werden durch eine Luftkammerdämpfung, zuweilen auch durch eine magnetische Wirbelstromdämpfung (Bild 6.7), unterdrückt.

Bei der eisenlosen Ausführung (Bild 6.2), die heute nur noch für Präzisionsinstrumente Verwendung findet, ist das von der festen Spule erzeugte Feld sehr schwach ($H = 20 \cdots 50$ A/cm), Fremdfelder können daher erhebliche Meßfehler verursachen. Bei Gleichstrommessungen spielt sogar das Erdfeld eine merkliche Rolle. Dessen Einfluß läßt sich dadurch beheben, daß man

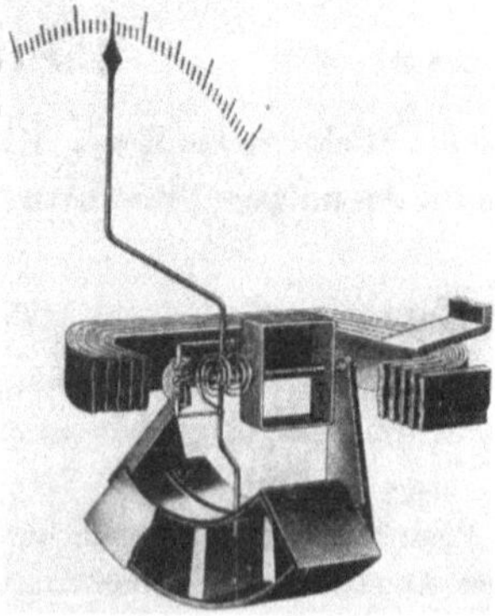

Bild 6.2. Meßwerk eines eisenlosen Elektrodynamometers *(Werkbild H & B)*

jeweils zwei Messungen mit verschiedener Stromrichtung ausführt und das Mittel aus den beiden Meßwerten bildet. Wechselstrommessungen werden zwar durch magnetische Gleichfelder wegen des ständigen Wechsels der Stromrichtung nicht gestört, dagegen kann die Einwirkung fremder Wechselfelder, herrührend von benachbarten Instrumenten, Leitungen, Maschinen und dgl., beträchtlich sein. Deshalb ist ein ausreichender Fremdfeldschutz unerläßlich. Die namentlich für Leistungsmesser viel verwendeten astatischen Doppelmeßwerke, die allenfalls gegen homogene, nicht jedoch gegen inhomogene Felder Schutz boten, wurden in neuerer Zeit zugunsten der weit wirksameren geschirmten Konstruktionen verlassen. Mit einer doppelten Abschirmung (Bild 6.7) läßt sich ein $10 \cdots 20$mal besserer Fremdfeldschutz erreichen, als ihn die VDE-Regeln vorschreiben. Das ist besonders wichtig für Präzisionsinstrumente höchster Empfindlichkeit, die naturgemäß auch entsprechend empfindlich gegen äußere Einwirkungen sind.

6.2 Elektrodynamische Strom- und Spannungsmesser

Schaltet man die beiden Spulen eines elektrodynamischen Instruments in Reihe, so daß durch beide derselbe Strom fließt, so wirkt auf die Drehspule ein Drehmoment, das dem Quadrat dieses Stromes proportional ist. Man kann ein solches Instrument daher zur Messung von Strom oder Spannung benutzen. Die Skala hat dann eine quadratische Teilung, die sich aber durch besondere Formgebung der Spulen gleichmäßiger gestalten läßt.

Da man der Drehspule über die Spiralfedern nur einen begrenzten Strom zuführen kann, schaltet man sie bei Strommessern über 0,5 A nicht mehr in Reihe, sondern parallel zur Feldspule und leitet über sie nur einen Teil des zu messenden Stromes (Bild 6.3). Wegen der verschiedenen Induktivität und

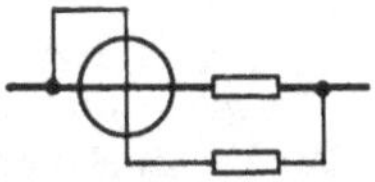

Bild 6.3. Schaltung eines elektrodynamischen Strommessers für größere Ströme

der unterschiedlichen Erwärmung der beiden Stromzweige ist dann allerdings kein gleichbleibendes Verhältnis der beiden Teilströme gewährleistet. Dem kann man dadurch abhelfen, daß man den beiden Spulen je einen induktivitätsarmen Widerstand vorschaltet, wodurch zwar der Eigenverbrauch beträchtlich erhöht, dafür aber die Anzeigegenauigkeit verbessert wird.

Bei den Spannungsmessern werden beide Spulen aus vielen Windungen dünnen Drahtes gewickelt, in Reihe geschaltet und, in gleicher Weise wie die Feldspule der Dreheisen-Spannungsmesser, mit einem hohen Manganin-Vorwiderstand versehen, der Temperatur- und Induktivitätseinflüsse auf ein zulässiges Maß verringert. Elektrodynamische Strom- und Spannungsmesser lassen sich recht genau herstellen und dienten früher allgemein als Präzisions- und Normalinstrumente für Wechselstrom. An ihrer Stelle verwendet man heute Dreheiseninstrumente, die ebenfalls exakt Effektivwerte anzeigen. Sie haben jedoch ein einfacheres, stabileres Meßwerk und weisen zudem auch meßtechnische Vorteile auf, wie z. B. kleineren Eigenverbrauch und geringere Fremdfeldempfindlichkeit.

6.3 Elektrodynamische Leistungsmesser

Das weitaus wichtigste Anwendungsgebiet der elektrodynamischen Instrumente ist die Leistungsmessung. Hierzu schaltet man, wie in Bild 6.4 dargestellt, die feste Spule (den Strompfad des Instruments) in den Stromkreis, während die Drehspule wie

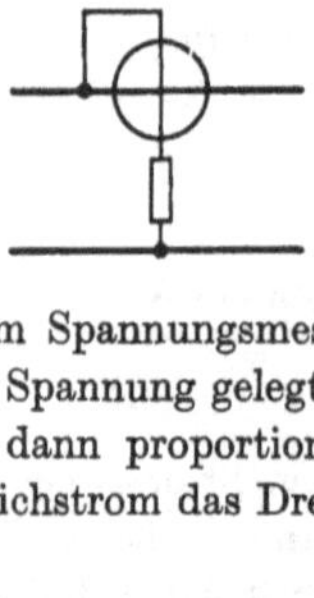

Bild 6.4. Schaltung eines elektrodynamischen Leistungsmessers

beim Spannungsmesser in Reihe mit einem Vorwiderstand an die Spannung gelegt wird (Spannungspfad). Der Drehspulstrom ist dann proportional der Spannung U, und somit wird für Gleichstrom das Drehmoment gemäß Gleichung (15):

$$M \sim \alpha \sim I\,U \sim P, \tag{26}$$

d. h. der Zeigerausschlag α ist ein Maß für die Leistung P.

In derselben Weise kann auch die Wechselstromleistung gemessen werden. Nach Gleichung (25) ist bei Wechselstrom das Drehmoment proportional den beiden Spulenströmen und dem Kosinus des von ihnen eingeschlossenen Winkels. Sorgt man nun dafür, daß der Drehspulstrom nicht nur proportional der angelegten Spannung, sondern auch phasengleich mit ihr ist, dann werden Drehmoment und Ausschlag proportional der Wirkleistung:

$$M \sim \alpha \sim I\,U \cos\varphi. \tag{27}$$

Um die genannten Voraussetzungen zu erfüllen, muß der Drehspule ein genügend großer induktivitätsarm gewickelter Manganinwiderstand vorgeschaltet werden, der sowohl ihre Temperaturabhängigkeit als auch den Einfluß ihrer Induktivität herabsetzt. Ein etwa noch verbleibender kleiner Phasenfehler (Bild 6.5) bewirkt, daß die Wirkleistung bei induktiver Last zu

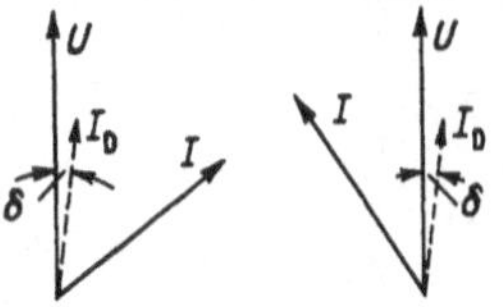

Bild 6.5. Einfluß eines Phasenfehlers auf die Wirkleistungsmessung

klein, bei kapazitiver dagegen zu groß gemessen wird. Man kann den Restfehler, wenn hohe Genauigkeit verlangt wird, durch schaltungstechnische Maßnahmen vollkommen beheben, z. B. durch eine Induktivität parallel zur Drehspule oder durch eine Kapazität parallel zum Vorwiderstand oder zu einem Teil desselben.

Zu den hauptsächlichsten Fehlerquellen der Leistungsmesser zählen ferner die Wechselspannungen, die vom Feldspulenstrom in den Spannungspfad hinein induziert werden. Diese erzeugen im Schließungskreis der Drehspule Störströme, deren Größe und Richtung von der Frequenz und von der jeweiligen Stellung der Drehspule im Meßwerkfeld abhängen. Die hierbei entstehenden Fehler lassen sich durch einen möglichst hochohmigen Spannungspfad und durch geeignete räumliche Anordnung der Spulen (geringe Gegeninduktivität) klein halten.

Eisenlose elektrodynamische Leistungsmesser werden nur als tragbare Laboratoriumsinstrumente gebaut, mit Zeigermeßwerken in den Güteklassen 0,5 und 0,2, mit Lichtmarkenmeßwerken bis zur Güteklasse 0,1 (Bild 6.6). Ihr Strompfad wird im allgemeinen für Nennströme von etwa 0,1 ··· 12 A ausgelegt, vielfach mit zwei Wicklungshälften, die wahlweise hintereinander- oder parallelgeschaltet werden können und damit zwei Strombereiche im Verhältnis 1 : 2 ergeben. Für den Spannungspfad sind Nennspannungen ab 30 V bis 600 V üblich, eingebaute oder auch getrennte Vorwiderstände mit entsprechenden Anzapfungen gestatten die Wahl mehrerer Spannungsbereiche. Für höhere Spannungen kann man zusätzliche Vorwiderstände, bei

Bild 6.6. Lichtmarken-Leistungsmesser Kl. 0,1 *(Werkbild H & B)*

Wechselstrommessungen auch Spannungswandler verwenden. Im Strompfad dagegen ist eine Bereicherweiterung nur mit Hilfe von Stromwandlern möglich. Der Eigenverbrauch des Instruments setzt sich zusammen aus dem Verbrauch der Feldspulen und dem des Spannungspfades. Er beträgt etwa 0,5 ··· 1 W bei Benutzung des kleinsten Spannungsbereichs, steigend bis zu einigen Watt in den höheren Bereichen.

Die Meßwerke der Präzisions-Leistungsmesser (Bild 6.7) werden vollkommen ohne Eisen und unter weitgehender Verwendung keramischer Konstruktionsteile aufgebaut, um möglichst wenig Gelegenheit zur Wirbelstrombildung zu geben und andererseits größtmögliche Formbeständigkeit und geometrische Konstanz auf lange Zeit zu sichern. Wie bei den Drehspul- und Dreheisen-Präzisionsinstrumenten werden die Zeigermeßwerke mit Spitzenlagerung, die Lichtmarkenmeßwerke mit Spannbandlagerung ausgeführt. Im ersten Fall dienen Spiralfedern, im andern Fall die Spannbänder als Stromzuführungen für die Dreh-

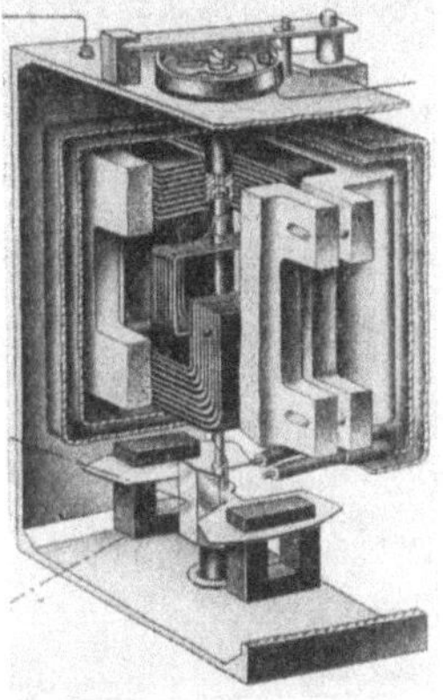

Bild 6.7. Meßwerk des Lichtmarken-Leistungsmessers *(Werkbild H & B)*

spule und gleichzeitig zur Erzeugung des Richtmoments. Bei sorgfältiger Vermeidung aller Fehlerquellen erreicht man mit eisenlosen elektrodynamischen Instrumenten einen Frequenzbereich von 15 Hz bis zu einigen Kilohertz.

Das in Bild 6.6 dargestellte Lichtmarkeninstrument der Klasse 0,1 weist als konstruktive Besonderheit eine Doppelskala mit insgesamt 300 Skalenteilen auf. Die zweizeilige Anzeige kommt zustande durch den in Bild 6.7 erkennbaren Dachspiegel, der zwei in einem bestimmten Winkel zueinander geschliffene Flächen hat. Damit wird die Lichtmarke zunächst von der ersten Spiegelfläche über die untere Skala von 0 bis 150 Skalenteilen geführt und anschließend von der zweiten Spiegelfläche über die obere Skala von 150 bis 300 Skalenteilen (Bild 6.8). Auf diese Weise läßt sich die Skalenlänge verdoppeln und die Ablesegenauigkeit dementsprechend erhöhen.

Im allgemeinen werden die Meßwerke so dimensioniert, daß man bei Nennstrom, Nennspannung und $\cos\,\varphi = 1$ Vollausschlag erhält.

Beispiel:
Nennstrom 5 A, Nennspannung 150 V, Vollausschlag bei 750 W Wirkleistung.

Messungen in stark induktiven oder stark kapazitiven Verbraucherkreisen würden dann nur verhältnismäßig kleine Zeiger-

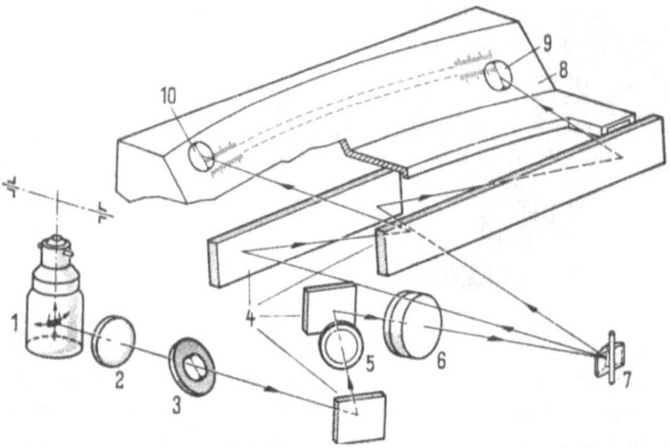

Bild 6.8. Strahlengang eines Lichtmarkeninstruments mit zweizeiliger Doppelskala *(Werkbild Siemens)*. 1 Glühlampe, 2 Kondensorlinse, 3 Blende, 4 Umlenkspiegel, 5 Negativlinse, 6 Positivlinse, 7 Drehspiegel, 8 Kegelskala, 9 und 10 Lichtmarken

ausschläge und demzufolge geringere Meßgenauigkeit ergeben. Für solche Zwecke baut man daher besondere Ausführungen, die bereits bei Nennstrom, Nennspannung und einem Leistungsfaktor von 0,5 oder gar 0,1 Vollausschlag zeigen. Das erreicht man durch Verringern des Richtmoments und durch stärkere Belastung von Strom- und Spannungspfad. Der dadurch entstehende Verlust an Meßgenauigkeit wird aber zum Teil wieder wettgemacht durch entsprechend größere Zeigerausschläge.

6.4 Ferrodynamische Leistungsmesser

Da die eisenlosen Elektrodynamometer nur sehr schwache Drehmomente liefern, verwendet man für Betriebs- und Schalttafelinstrumente sowie für Schreiber eisengeschlossene (ferrodynamische) Meßwerke, bei denen das Spulenfeld nahezu vollständig in Eisen verläuft. Bei der in Bild 6.9 dargestellten Aus-

Bild 6.9. Meßwerk eines ferrodynamischen Leistungsmessers *(Werkbild H & B)*

führung besteht der Eisenkörper aus einem runden Mantel und dem konzentrisch dazu angeordneten zylindrischen Kern, der wie beim Drehspulmeßwerk einen ringförmigen Luftspalt zur Aufnahme der Drehspule freiläßt. Die beiden Feldspulenhälften sind in zwei Nuten an der Innenseite des Mantels eingelegt, ihre Wicklungsköpfe sind seitlich abgebogen, damit Eisenkern und Drehspule eingeführt werden können. Für den Mantel sind, um tiefe Aussparungen für die Feldspule zu ermöglichen, ohne den Eisenquerschnitt allzu sehr zu schwächen, auch ovale oder rechteckige Formen in Gebrauch. Da die Instrumente auch für Wechselstrom verwendet werden sollen, werden Mantel und Kern zur Verminderung der Wirbelströme aus isolierten Blechen geschichtet. Als Stromzuführungen dienen wie üblich zwei Spiralfedern, die gleichzeitig auch das Richtmoment bilden. Durch Luft- oder Wirbelstromdämpfung werden Schwingungen des beweglichen Organs unterdrückt.

Mit ferrodynamischen Meßwerken werden praktisch nur Leistungsmesser und Quotientenmesser (Abschnitt 6.6) ausgerüstet. Sie ergeben ein kräftiges, gegenüber eisenlosen Ausführungen etwa 20mal größeres Drehmoment und bieten zudem noch den Vorteil eines wirksamen Fremdfeldschutzes. Allerdings muß wegen der gekrümmten Magnetisierungskennlinie des Eisens eine Abweichung von der Proportionalität in Kauf genommen werden. Sie äußert sich dadurch, daß z. B. bei Nennspannung und halbem Nennstrom etwas andere Werte angezeigt werden als bei Nennstrom und halber Nennspannung. Dieser sogenannte Krümmungsfehler kann jedoch innerhalb der Klassengrenzen (in der Regel Klasse 1,5) gehalten werden. Im Niederfrequenzbereich ist die Anzeige nahezu unabhängig von der Frequenz. Verwendet man für Mantel und Kern statt geschichteter Bleche Ferrit, ein nichtleitendes, weichmagnetisches Sintermaterial, so läßt sich der Frequenzbereich der Instrumente bis in das Tonfrequenzgebiet erweitern.

Der Eigenverbrauch beträgt etwa $1 \cdots 3$ W in der Stromspule und ebensoviel im Spannungspfad bei 100 V. Normalerweise liegt die Feldspule im Stromkreis und die Drehspule über einen Vorwiderstand an der Spannung. Für Gleichstrom-Leistungsmesser trifft man häufig die umgekehrte Anordnung. Die Drehspule wird dann an einen vom Hauptstrom durchflossenen Nebenwiderstand angeschlossen, während die Feldspule im Spannungspfad liegt. Das hat den Vorteil, daß bei Messungen mit gleichbleibender Spannung (z. B. in stationären Anlagen) im Eisenkörper stets die gleiche Induktion herrscht. Der erwähnte Krümmungsfehler und ebenso auch etwaige Remanenz treten dann nicht in Erscheinung.

6.5 Leistungsmesser-Schaltungen

6.5.1 Gleich- und Wechselstromleistung

Bei Messungen in Gleichstromkreisen und in Einphasen-Wechselstromkreisen wird der Strompfad des Leistungsmessers in einen Leitungszug und der Spannungspfad zwischen die beiden Leitungen geschaltet (Bild 6.4), und zwar so, daß die Drehspule unmittelbar mit derjenigen Leitung verbunden wird, in der auch der Strompfad liegt, während der Vorwiderstand an die andere Leitung angeschlossen wird. Das hat den Zweck, daß zwischen Strom- und Spannungsspule keine größeren Spannungen auftreten, die elektrostatische Einflüsse zur Folge haben würden. Die Verbindung wird manchmal schon im Instrument vorgenommen, oder die dafür bestimmten Klemmen des Strom- und des Spannungspfades sind durch einen Punkt oder Stern gekennzeichnet. Für Wechselstrom-Leistungsmessungen bei großen Strömen oder hohen Spannungen schließt man die Feldspule über einen Stromwandler, die Drehspule über einen Spannungswandler an, wie in Bild 6.10 dargestellt. Die Anzeige ist dann

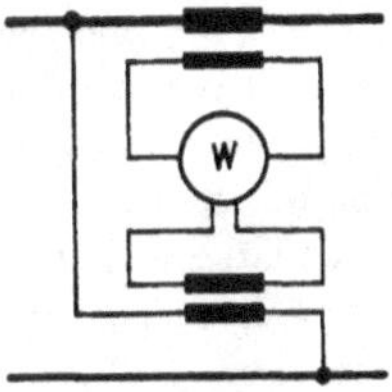

Bild 6.10. Anschluß eines Wechselstrom-Leistungsmessers über Strom- und Spannungswandler

bei tragbaren Instrumenten unter Berücksichtigung der eingeschalteten Bereiche mit einem Faktor zu multiplizieren, der sich aus den Übersetzungsverhältnissen der Wandler ergibt.

Beispiel:

Leistungsmesser für Nennstrom 5 A, Nennspannung 150 V, Nennleistungsfaktor $\cos\varphi = 1$. Vollausschlag 150 Skt entspricht $5\,\text{A} \cdot 150\,\text{V} \cdot 1 = 750\,\text{W}$, $1\,\text{Skt} \mathrel{\hat{=}} 5\,\text{W}$. Wird ein Stromwandler mit der Nennübersetzung*) 50 : 5 und ein Spannungswandler mit der Nennübersetzung 500 : 100 verwendet, so ist die Anzeige mit 10 · 5 = 50 zu multiplizieren. Ein Teilstrich auf der Skala entspricht dann 250 W, und Vollausschlag bedeutet 37,5 kW. Bei fest eingebauten Schalttafelinstrumenten ist dieser Umrechnungsfaktor bereits in der Skalenangabe berücksichtigt.

Grundsätzlich bestehen für den Anschluß des Spannungspfades die beiden in Bild 6.11 gezeichneten Möglichkeiten.

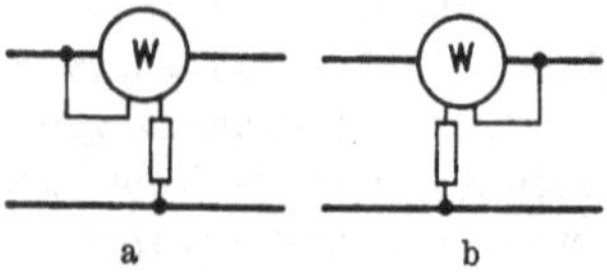

Bild 6.11. Schaltungsmöglichkeiten für Leistungsmesser. a) Verbrauch des Strompfades wird mitgemessen b) Verbrauch des Spannungspfades wird mitgemessen

Schließt man ihn vor der Feldspule an (Fall a), so liegt an ihm nicht nur die Verbraucherspannung, sondern auch der an der Feldspule auftretende Spannungsabfall, d. h. in der Anzeige ist der Verbrauch des Strompfades mit enthalten. Im zweiten Fall fließt durch die Feldspule außer dem Verbraucherstrom auch der vom Spannungspfad aufgenommene Strom, so daß dessen Verbrauch mitgemessen wird. Bei genauen Messungen, insbesondere bei der Messung kleiner Leistungen, ist daher der jeweilige Eigenverbrauch aus den Instrumentendaten und einer zusätzlichen Strom- oder Spannungsmessung zu errechnen und von der angezeigten Leistung zu subtrahieren.

Beispiel:

Bei 2 A und 30 V wird eine Leistung von etwa 60 W angezeigt.

1. Schaltung nach Bild 6.11a: Widerstand des Strompfades 0,09 Ω; Eigenverbrauch $(2\ \mathrm{A})^2 \cdot 0{,}09\ \Omega = 0{,}36\ \mathrm{W}$.
2. Schaltung nach Bild 6.11b: Widerstand des Spannungspfades 3000 Ω; Eigenverbrauch $(30\ \mathrm{V})^2/3000\ \Omega = 0{,}30\ \mathrm{W}$.

* Nennübersetzung ist das als ungekürzter Bruch angegebene Verhältnis von Primär- zu Sekundärgröße (Abschnitt 12.1)

Im ersten Fall wird man also, um die wirkliche Verbraucherleistung zu ermitteln, 0,36 W, das sind 0,6%, abziehen müssen, im zweiten Fall 0,3 W, das sind 0,5%.

Eine besondere Ausführung, der Leistungsmesser mit Selbstkorrektur des Eigenverbrauchs, erspart diese Berechnung und vereinfacht dadurch die Bedienung. Sein Meßwerk hat zwei Feldspulen von gleicher Wirkung auf die Drehspule. Die erste führt, wie in Bild 6.12 zu erkennen ist, den Verbraucherstrom I,

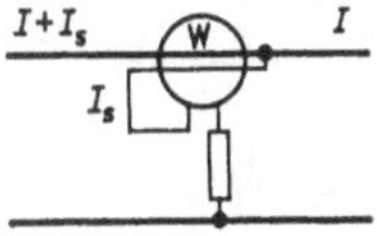

Bild 6.12. Leistungsmesser mit Selbstkorrektur des Eigenverbrauchs. Verbrauch des Strompfades wird nicht mitgemessen, Verbrauch des Spannungspfades wird kompensiert

vermehrt um den vom Spannungspfad aufgenommenen Strom I_s. Die zweite Feldspule wird nun so vor den Spannungspfad geschaltet, daß dessen Strom I_s entgegengesetzt dem in der ersten Feldspule fließt. Auf diese Weise wird der Verbrauch des Spannungspfades kompensiert und nicht mit angezeigt, während der Verbrauch des Strompfades (entsprechend Bild 6.11b) ohnehin nicht in der Anzeige enthalten ist.

6.5.2 Drehstromleistung

Zur Messung der Drehstromleistung sind meist mehrere Instrumente erforderlich. Nur wenn die drei Phasen symmetrisch, d. h. gleich stark belastet sind, kommt man mit einem Leistungsmesser aus, dessen Anzeige mit 3 multipliziert die Drehstromleistung ergibt. Besonders einfach ist die Schaltung, wenn der Verkettungspunkt zugänglich oder wenn ein Nulleiter vorhanden ist (Vierleitersystem). Der Strompfad des Leistungsmessers wird dann in eine der drei Phasen gelegt, der Spannungspfad zwischen die gleiche Phase und den Nullpunkt oder den Nulleiter (Bild 6.13). Da es sich in Drehstromanlagen stets um größere Leistungen handelt, denen gegenüber der Eigenverbrauch des Instruments vernachlässigbar klein ist, so ist es unwichtig, ob der Spannungspfad vor oder hinter der Stromspule angeschlossen wird.

Ist kein Nulleiter vorhanden (Dreileitersystem), so muß man sich mit drei gleich großen Widerständen einen künstlichen Nullpunkt schaffen (Bild 6.14). Der Spannungspfad des Leistungs-

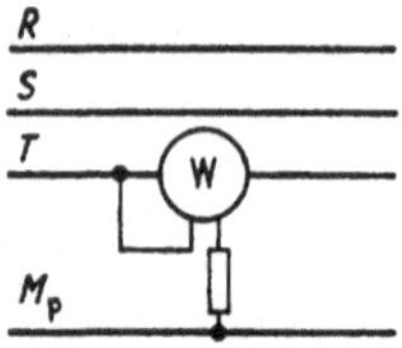

Bild 6.13. Wirkleistungsmessung mit einem Leistungsmesser in symmetrisch belastetem Drehstromsystem mit Nullleiter

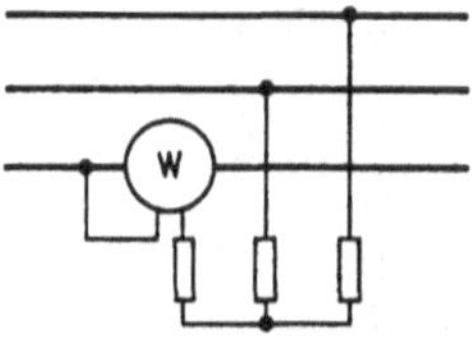

Bild 6.14. Wirkleistungsmessung mit einem Leistungsmesser in symmetrisch belastetem Dreileiter-Drehstromsystem mit künstlich. Sternpunkt

messers bildet dabei einen Teil des ersten Widerstandes, der den Spannungsbereich und damit die Anzeige des Instruments bestimmt. Diese ist wieder, wie bei der Schaltung nach Bild 6.13, mit 3 zu multiplizieren. Bei fest eingebauten Schalttafelinstrumenten ist die Skala gleich so beziffert, daß unmittelbar die Drehstromleistung abzulesen ist.

Sind jedoch die drei Phasen eines Vierleitersystems verschieden stark belastet, so muß die Leistung mit drei Instrumenten gemessen werden. Diese sind nach Bild 6.15 zu schalten und geben zusammen die Drehstromleistung an. Für derartige Messungen werden besondere Drehstrom-Leistungsmesser mit drei Meßwerken gebaut, die im gleichen Gehäuse entweder mit einer gemeinsamen Achse übereinander angeordnet sind oder aber auf gleicher Höhe nebeneinander, verbunden durch eine Bandkupplung. Auf der Skala wird dann die gesamte Drehstromleistung angezeigt.

Für Drehstromnetze ohne Nulleiter (Dreileitersysteme) ist das nach *Aron* benannte Zwei-Leistungsmesser-Verfahren das gebräuchlichste, weil es sowohl für symmetrische als auch für unsymmetrische Belastung gilt. Dabei werden die Stromspulen der beiden Instrumente in zwei Phasen gelegt, die Spannungsspulen

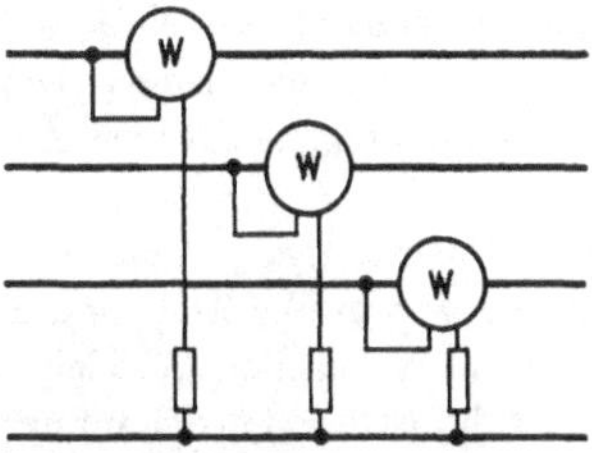

Bild 6.15. Wirkleistungsmessung mit drei Leistungsmessern in beliebig belastetem Vierleiter-Drehstromsystem

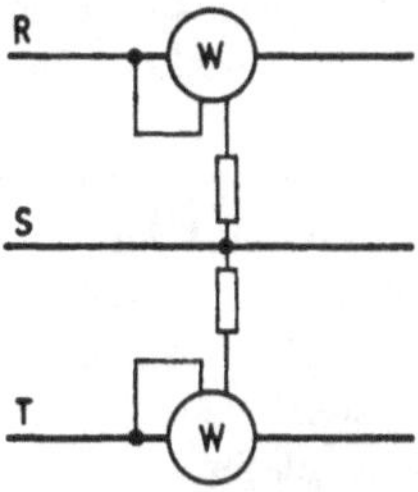

Bild 6.16. Wirkleistungsmessung mit 2 Leistungsmessern in beliebig belastetem Dreileiter-Drehstromsystem (Aronschaltung)

jeweils an die gleiche und die Vorwiderstände an die dritte Phase (Bild 6.16). Die Gesamtleistung des Drehstromsystems ist hier gleich der Summe der beiden Leistungsmesserangaben, wie sich leicht beweisen läßt.

Die beiden Instrumente zeigen zusammen folgenden Mittelwert der Leistung an:

$$P = \frac{1}{T}\int_0^T i_r u_{rs}\,\mathrm{d}t + \frac{1}{T}\int_0^T i_t u_{ts}\,\mathrm{d}t \tag{28}$$

Für die Augenblickswerte gilt im Fall einer Sternschaltung:

$$\begin{aligned} i_r u_{rs} + i_t u_{ts} &= i_r (u_{ro} - u_{so}) + i_t (u_{to} - u_{so}) \\ &= i_r u_{ro} - (i_r + i_t)\, u_{so} + i_t u_{to} \\ &= i_r u_{ro} + i_s u_{so} + i_t u_{to} \end{aligned} \tag{29}$$

Die Summe der von den beiden Leistungsmessern angezeigten Augenblickswerte ist demnach gleich der Summe der Augenblicksleistungen in den drei Phasen, und folglich ist auch die Summe der angezeigten Mittelwerte gleich der mittleren Drehstromleistung. Das gleiche Ergebnis läßt sich auch für den Fall der Dreieckschaltung ableiten. Es sei erwähnt, daß beide Leistungsmesser gleichen Ausschlag zeigen, wenn der Phasenwinkel zwischen Sternspannung und Strom $\varphi = 0$ ist; bei $\varphi = 60°$ wird der Ausschlag des ersten Instruments zu Null und bei $\varphi > 60°$ sogar negativ. Meist verwendet man jedoch Doppelinstrumente mit zwei Meßwerken und gemeinsamer Anzeige der Gesamtleistung.

Mit elektrodynamischen Instrumenten ist in ganz entsprechender Weise auch die Blindleistung in Wechsel- und Drehstromkreisen meßbar. Während man bei der Wirkleistungsmessung dafür sorgen muß, daß der Strom im Spannungspfad phasengleich mit der angelegten Spannung ist, muß er bei der Blindleistungsmessung um 90° gegen die Spannung verschoben sein. Dazu wendet man Kunstschaltungen an, wie z. B. die in Bild 6.17a dargestellte Schaltung von *Hummel*. Hier wird vor

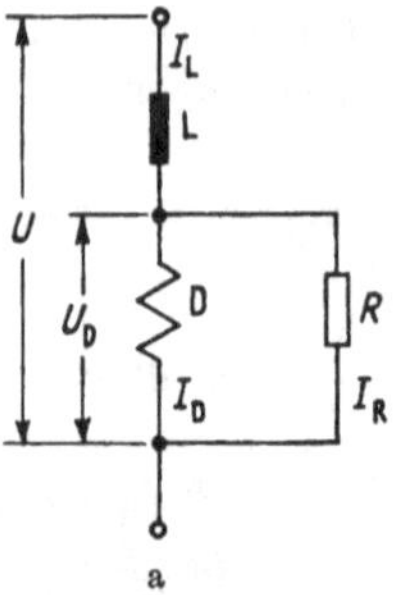

a

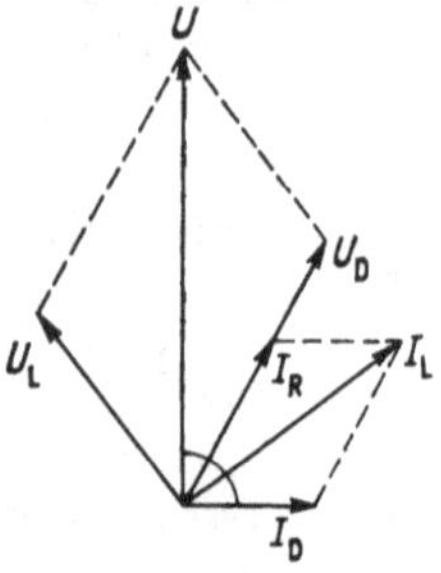

b

Bild 6.17. 90°-Schaltung nach *Hummel* für die Blindleistungsmessung bei Einphasen-Wechselstrom: a Schaltung, b Zeigerdiagramm

die Drehspule D eine Induktivität L und parallel zu ihr ein ohmscher Widerstand R geschaltet. Durch passende Wahl von

L und R kann man eine Phasenverschiebung von genau 90° zwischen der Spannung U und dem Drehspulstrom I_D erreichen, wie das Zeigerdiagramm Bild 6.17b erkennen läßt. Der Abgleich gilt jedoch nur für eine bestimmte Frequenz, da der Blindwiderstand ωL frequenzabhängig ist. Ist φ der Phasenwinkel zwischen dem Hauptstrom I und der Spannung U eines Wechselstromkreises, so besteht zwischen I und dem Drehspulstrom I_D der Winkel (90° — φ), und nach Gleichung (25) ist dann der Ausschlag am Instrument

$$\alpha \sim I \cdot I_D \cdot \cos(90° - \varphi) \sim U I \sin \varphi, \qquad (30)$$

d. h. proportional der Blindleistung in Var.

Blindleistungsmesser für Drehstrom bedürfen keiner besonderen Kunstschaltung zur Erzeugung der 90°-Phasenverschiebung, denn diese liefert das Drehstromsystem selbst. In symmetrisch belasteten Dreileitersystemen genügt wiederum nur ein Leistungsmesser, der nach Bild 6.18 geschaltet wird. Im Gegensatz zur Wirkleistungsmessung (Bild 6.14) wird der Spannungspfad jetzt nicht an die Phasenspannung U_{ro}, sondern an die um 90° dagegen versetzte verkettete Spannung (Strangspannung) U_{st} angeschlossen. Der Faktor $\sqrt{3}$, um den U_{st} größer als U_{ro} ist, wird gleich in die Anzeige mit einbezogen. Da jetzt zwischen Strom- und Spannungspfad die volle ver-

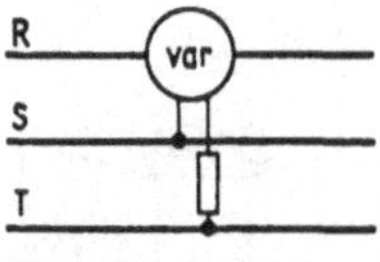

Bild 6.18. Blindleistungsmessung mit einem Leistungsmesser in symmetrisch belastetem Dreileiter-Drehstromsystem

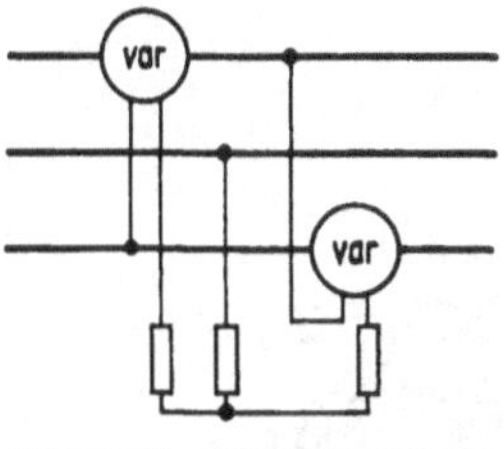

Bild 6.19. Blindleistungsmessung mit 2 Leistungsmessern in beliebig belastetem Dreileiter-Drehstromsystem mit künstlichem Sternpunkt

kettete Spannung liegt, müssen in Blindleistungsmessern die beiden Pfade so gut gegeneinander isoliert sein, daß sie diese Spannung mit Sicherheit aushalten.

In beliebig belasteten Dreileitersystemen kann entsprechend der Aronschaltung (Bild 6.16) auch die Blindleistung mit zwei Instrumenten gemessen werden (Bild 6.19). Statt der verketteten Spannungen werden dann um 90° verschobene Phasenspannungen, die durch einen künstlichen Nullpunkt erzeugt werden, an die beiden Spannungspfade gelegt. Ähnlich lassen sich auch für Vierleitersysteme die Schaltungen der Blindleistungsmesser aus denen der Wirkleistungsmesser (Bild 6.13 für den Fall symmetrischer Belastung, Bild 6.15 für beliebige Belastung) herleiten.

6.6 Elektrodynamische Quotientenmesser

6.6.1 Meßwerk

In ähnlicher Weise wie die Drehspulinstrumente für Gleichstrom, so lassen sich die elektrodynamischen Instrumente als Quotientenmesser für Wechselstrom ausbilden. Das kann in der Weise geschehen, daß man im Feld einer festen Spule 3 drehbar eine Kreuzspule anordnet, deren beide Wicklungen 1 und 2 um einen bestimmten Winkel, z. B. um 90°, gegeneinander ver-

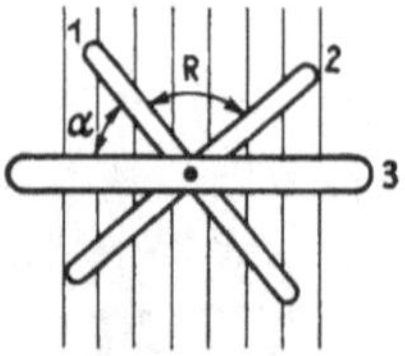

Bild 6.20. Prinzip des elektrodynamischen Kreuzspulmeßwerks

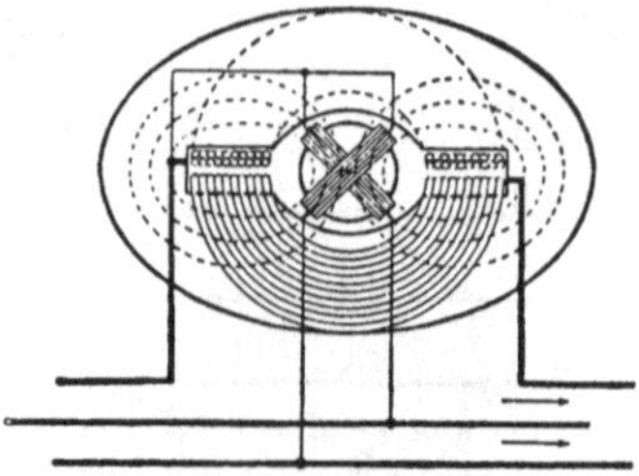

Bild 6.21. Prinzip des ferrodynamischen Kreuzspul-Leistungsfaktormessers

setzt und starr miteinander verbunden sind (Kreuzspulmeßwerk, Bild 6.20). Man kann auch die umgekehrte Anordnung treffen, die Spulen 1 und 2 als feststehende Feldspulen und Spule 3 als Drehspule ausführen (Kreuzfeldmeßwerk). Die Wirkungsweise ist in beiden Fällen dieselbe: beim Stromdurchgang entstehen zwei Drehmomente, die gegeneinander gerichtet sind und das bewegliche Organ so drehen, daß beide Momente gleich groß werden.

Im Falle des Kreuzspulmeßwerks erfährt die Wicklung 1 der Kreuzspule durch das Feld der festen Spule 3 ein Drehmoment, das dem Sinus des jeweiligen Drehwinkels α proportional ist:

$$M_1 \sim I_1 I_3 \sin\alpha. \tag{31}$$

Dabei ist vorausgesetzt, daß das von der Spule 3 erzeugte Feld linear homogen verläuft, wie in Bild 6.20 angedeutet, oder aber bei radialem Verlauf sinusförmig verteilt ist, was sich bei ferrodynamischen Meßwerken durch geeignete Form der Polschuhe und des Eisenkerns erreichen läßt (Bild 6.21). Sind I_1 und I_3 die Effektivwerte zweier frequenzgleicher Wechselströme, die gegeneinander um den Winkel φ in der Phase verschoben sind, so wird das Drehmoment auch von $\cos\varphi$ abhängig:

$$M_1 \sim I_1 I_3 \sin\alpha \cos\varphi. \tag{32}$$

Ebenso entsteht zwischen den Spulen 2 und 3 ein Drehmoment, das aber jetzt proportional $\sin(90° + \alpha) = \cos\alpha$ ist. Sorgt man dafür, daß der Strom I_2 gegen I_1 um 90° phasenverschoben ist, dann ist der Phasenwinkel zwischen I_2 und I_3 gleich $(90° \pm \varphi)$. Auf Spule 2 wirkt somit ein Drehmoment

$$M_2 \sim I_2 I_3 \cos\alpha \sin\varphi. \tag{33}$$

Im Gleichgewichtsfall sind beide Momente einander gleich, und dann ergibt sich aus den Gleichungen (32) und (33):

$$\tan\alpha = \frac{I_2}{I_1} \tan\varphi. \tag{34}$$

Dieselben Beziehungen ergeben sich auch für das Kreuzfeldmeßwerk, der Unterschied besteht lediglich in der Konstruktion. Das bewegliche Organ erhält kein mechanisches Richtmoment, es hat daher bei Stromlosigkeit keine bestimmte Nullage. Als Stromzuführungen dienen flexible dünne Metallbändchen, die praktisch richtkraftlos sind.

6.6.2 Ausführungen

Elektrodynamische Quotientenmesser werden vorwiegend als eisengeschlossene (ferrodynamische) Betriebs- oder Schalttafelinstrumente ausgeführt. Von den verschiedenen Anwendungsmöglichkeiten macht man in erster Linie bei Leistungsfaktormessern Gebrauch. Zur Messung des Leistungsfaktors in einem Wechselstromkreis schaltet man beispielsweise die feste Spule in den Stromkreis und legt die beiden Wicklungen der Kreuzspule über entsprechende Vorwiderstände an die Spannung (Bild 6.22). Um zwischen den Strömen I_1 und I_2 eine Phasen-

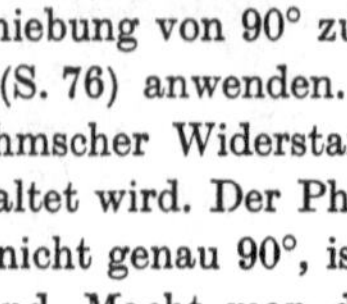

Bild 6.22. Schaltung des elektrodynamischen Leistungsfaktormessers

verschiebung von 90° zu erzielen, könnte man eine Kunstschaltung (S. 76) anwenden. Es genügt jedoch, wenn vor Spule 1 ein ohmscher Widerstand und vor Spule 2 eine Induktivität geschaltet wird. Der Phasenwinkel zwischen I_1 und I_2 ist dann zwar nicht genau 90°, ist aber für den vorliegenden Zweck hinreichend. Macht man die beiden Widerstände gleich groß, so daß $I_1 = I_2$ wird, dann ist gemäß Gleichung (34) der Drehwinkel α gleich dem Phasenwinkel φ zwischen I_1, d. h. der Spannung U, und dem durch die Spule 3 fließenden Strom I des Wechselstromkreises. Man hat damit also, streng genommen, einen Phasenwinkelmesser, kann aber die Skala direkt in cos φ

einteilen und beschriften. Dabei liegt z. B. der Wert $\cos\varphi = 1$ in der Mitte des Skalenbogens, und die Teilung reicht von $\cos\varphi = 0{,}5$ kapazitiv bis $\cos\varphi = 0{,}5$ induktiv oder, wenn der Bogen zu einem Halbkreis ausgeweitet wird, bis $\cos\varphi = 0$ nach beiden Seiten. Wegen der Frequenzabhängigkeit des induktiven Widerstandes für die 90°-Phasenverschiebung gilt die Eichung stets nur für eine einzige Frequenz.

Die besonders für Kraftwerke bestimmten Ausführungen mit 360°-Skala zeigen den Leistungsfaktor auf der oberen Skalenhälfte bei Leistungsbezug, auf der unteren bei Leistungsabgabe an (Bild 6.23). Bei solchen Instrumenten müssen dann als Stromzuführungen für das bewegliche Organ Schleifringe und Bürsten statt der Zuleitungsbändchen verwendet werden. Leistungsfaktormesser werden in der Regel für eine Nennspannung von

Bild 6.23. Ferrodynamischer Leistungsfaktormesser mit Vier-Quadranten-Skala *(Werkbild AEG)*

Bild 6.24. Ferrodynamisches Kreuzfeldmeßwerk *(Werkbild H & B)*. 1 Drehspule, 2, 3 Feldspulen, 4 lamellierter Eisenkörper

100 V und einen Nennstrom von 5 A gebaut, für höhere Spannungen und Ströme sind Wandler erforderlich.

Bild 6.24 zeigt ein ferrodynamisches Kreuzfeldmeßwerk, bei dem die Kreuzspule fest und die Einzelspule drehbar angeordnet ist. Der lamellierte Eisenkörper trägt auf seinen vier Polen Wicklungen. Je zwei gegenüberliegende Wicklungen werden in Reihe geschaltet. Die Wicklungspaare, hier mit 2 und 3 bezeichnet, bilden die beiden Feldspulen, von denen die eine über einen ohmschen Widerstand, die andere über eine Induktivität an die Spannung angeschlossen wird. Die Drehspule liegt im Stromkreis der Meßschaltung unter Zwischenschalten eines Wandlers, der den Strom herunter auf kleine, dem Meßwerk angepaßte Werte übersetzt.

Leistungsfaktormesser für Drehstrom werden entsprechend Bild 6.25 geschaltet. Die Ströme in den Wicklungen der Kreuzspule sind dann nicht um 90°, sondern nur um 60° gegeneinander verschoben. Das hat jedoch lediglich Einfluß auf den

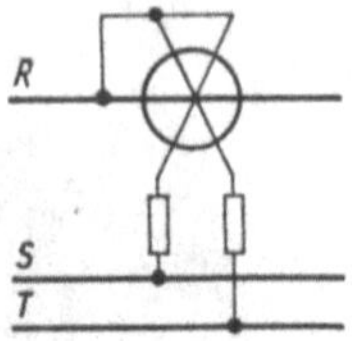

Bild 6.25. Schaltung eines Drehstrom-Leistungsfaktormessers

Skalenverlauf, nicht dagegen auf die Funktion des Meßwerks. Sind die drei Phasen des Drehstromsystems unsymmetrisch belastet, so läßt sich nur für jede Phase einzeln ein Leistungsfaktor angeben. Zur Messung werden dann drei Instrumente benötigt.

Wie aus Gleichung (34) zu ersehen ist, kann mit elektrodynamischen Quotientenmessern auch das Verhältnis zweier Wechselströme gemessen werden. Darauf beruhten die früheren direktanzeigenden Wechselstrom-Ohmmeter: Kapazitäts- und

Induktivitätsmesser. Außerdem läßt sich die schon erwähnte Frequenzabhängigkeit der Anzeige, hervorgerufen durch die Verwendung von Blindwiderständen, zum Bau von Zeigerfrequenzmessern ausnutzen. Von diesen und anderen Anwendungsmöglichkeiten macht man heutzutage im Meßinstrumentenbau jedoch kaum mehr Gebrauch.

7 Induktionsinstrumente

7.1 Meßwerk

Die Induktionsmeßwerke beruhen auf der Auslenkung eines trommel- oder scheibenförmigen Rotors durch die Induktionswirkung feststehender, von Wechselstrom durchflossener Spulen. Bei dem in Bild 7.1 schematisch dargestellten Trommelmeßwerk umschließt ein aus Blechen geschichteter Eisenring mit 4 Innen-

Bild 7.1. Induktions-Trommelmeßwerk *(Werkbild H & B)*

polen einen ebenfalls lamellierten zylindrischen Eisenkern. Die Pole tragen, ähnlich wie beim ferrodynamischen Kreuzfeldmeßwerk (Bild 6.24), zwei zueinander senkrechte Wicklungspaare. Diese werden von zwei phasenverschobenen Wechselströmen I_1

und I_2 durchflossen, so daß aus den beiden räumlich und zeitlich gegeneinander versetzten Flüssen Φ_1 und Φ_2 ein Drehfeld entsteht. In dem ringförmigen Luftspalt zwischen den Polen und dem Kern ist eine dünnwandige Aluminiumtrommel drehbar gelagert, die wie der Käfiganker eines Asynchronmotors von dem Drehfeld mitgenommen wird.

Die Wirkung läßt sich folgendermaßen erklären: Das jeweils von einem Spulenpaar erzeugte Feld induziert in der Trommel Wirbelströme, die zusammen mit dem Feld des andern Spulenpaars ein Drehmoment ergeben. Dieses ist proportional den beiden Flüssen, somit auch den beiden Spulenströmen, und dem Sinus des von ihnen eingeschlossenen Winkels Ψ. Außerdem ist das Drehmoment proportional der Frequenz des Wechselstroms, da die Wirbelströme mit der Frequenz zunehmen, mithin

$$M \sim f \cdot I_1 I_2 \sin \Psi. \tag{35}$$

Das Drehmoment wird ein Maximum für $\sin \Psi = 1$, wenn also die Ströme I_1 und I_2 gegeneinander eine Phasenverschiebung von 90° haben. Dagegen würde für $\Psi = 0$ kein Drehfeld und folglich auch kein Drehmoment entstehen.

Das Meßwerk ist seinem Prinzip nach nur für Wechselstrom verwendbar. Es enthält keine stromführenden beweglichen Teile und ist daher sehr robust und widerstandsfähig. Das Richtmoment wird wie üblich durch Spiralfedern erzeugt. Zur Dämpfung dient ein Dauermagnet, der auf den etwas vorstehenden Teil der Trommel einwirkt (Bild 7.1) und Drehbewegungen durch Wirbelströme abbremst. Meßwerke dieser Art werden auch Drehfeldmeßwerke oder nach *Ferraris*, dem Entdecker des Drehfeldprinzips, Ferraris-Meßwerke genannt.

Eine zweite Art, die Scheibenmeßwerke, haben als Rotor eine kreisförmige Aluminiumscheibe, die drehbar in den Luftspalten zweier Wechselstrommagnete angeordnet ist (Bild 7.2). Werden diese von zwei um 90° gegeneinander phasenverschobenen Strömen I_1 und I_2 erregt, so entsteht ein Wanderfeld, und wieder kommt jeweils durch die Wechselwirkung zwischen dem einen Feld und den vom andern Feld in der Scheibe induzierten Wirbelströmen ein Drehmoment zustande. Während man für anzeigende und schreibende Induktionsinstrumente Trommelmeßwerke bevorzugt, werden die Scheibenmeßwerke für Wechsel-

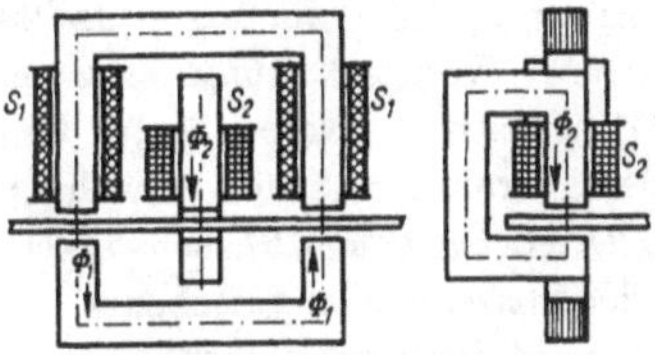

Bild 7.2. Scheibenmeßwerk f. Induktionszähler (Aus *Stöckl-Winterling* [6])

strom-Induktionszähler verwendet. Hierbei wird das bewegliche System nicht durch Spiralfedern festgehalten; die Scheibe kann sich also beliebig oft drehen, und die Zahl ihrer Umdrehungen wird von einem Rollenzählwerk angezeigt. Dem Antriebsmoment wirkt das Bremsmoment eines über den Scheibenrand greifenden Dauermagnets entgegen. Erregt man nun den einen Elektromagnet, das Stromeisen, durch den Strom des Verbraucherkreises, und den andern, das Spannungseisen, durch die Spannung, so werden Drehmoment und Umlaufgeschwindigkeit der Scheibe proportional der Leistung, und das Zählwerk zeigt die verbrauchte elektrische Arbeit an. Die Zähler stellen das weitaus wichtigste Anwendungsgebiet der Induktionsmeßwerke dar.

7.2 Ausführungen

Induktionsinstrumente lassen sich grundsätzlich als Strom-, Spannungs- und Leistungsmesser herstellen. Davon haben heutzutage nur noch die Leistungsmesser praktische Bedeutung, da zur Strom- und Spannungsmessung die weit einfacheren und in ihren elektrischen Eigenschaften günstigeren Dreheiseninstrumente zur Verfügung stehen. Die Leistungsmesser werden nur als Schalttafelinstrumente und Schreiber ausgeführt; denn die erreichbare Genauigkeit ist begrenzt. Sie entspricht günstigenfalls der Klasse 1,5. Bei dem eingangs beschriebenen Trommelmeßwerk wird dann das eine Wicklungspaar als dickdrähtige Stromspule und das andere dazu senkrecht stehende als dünndrähtige Spannungsspule ausgebildet.

Zur Messung der Wirkleistung ist es erforderlich, daß der in der Spannungsspule erzeugte Strom I_2 der Spannung U um 90° nacheilt. Das kann man mit einer Kunstschaltung, etwa mit der nach *Hummel* (Bild 6.17), erreichen. Strom I_1 der Gleichung (35) entspricht dann dem Verbraucherstrom I, während I_2 proportional der Spannung U ist. Bei einem Phasenwinkel φ zwischen I und U wird dann der Phasenwinkel zwischen I_1 und I_2 gleich $(90° \pm \varphi)$, und somit wird das Drehmoment und mit ihm der Zeigerausschlag

$$M \sim \alpha \sim f I U \cos \varphi . \tag{36}$$

Die Anzeige ist also proportional der Wirkleistung, die Instrumente erhalten folglich eine gleichmäßig geteilte Skala. Sie sind in der gleichen Weise wie die elektrodynamischen Leistungsmesser zur Wirkleistungsmessung in Wechselstrom- und Drehstromanlagen verwendbar, doch zeigen sie nur bei derjenigen Spannung richtig an, für die die 90°-Schaltung ausgelegt wurde. Das ist aber, ebenso wie auch die Frequenzabhängigkeit der Anzeige, ohne Bedeutung bei fest eingebauten Instrumenten, die z. B. in Kraftwerksanlagen stets mit gleicher Spannung und Frequenz betrieben werden.

Nach Gleichung (35) wäre es naheliegend, Induktionsinstrumente unmittelbar als Blindleistungsmesser zu verwenden. Voraussetzung dazu wäre jedoch, daß der Strom im Spannungspfad nicht nur proportional, sondern auch phasengleich mit der Spannung ist. Das ist aber wegen der hohen Induktivität der Spannungsspule nicht ohne weiteres gegeben. Man muß daher auch in diesem Fall Kunstschaltungen anwenden.

Die Bauweise der Induktionsmeßwerke macht sie besonders geeignet für Instrumente mit 360°-Skala sowie für Schreiber, die ein kräftiges Drehmoment verlangen. Da kein Durchbrennen empfindlicher Teile selbst bei sehr starken Stoßüberlastungen zu befürchten ist, gelten die Instrumente als eigensicher und können deshalb auch an explosionsgefährdeten Stellen eingesetzt werden. Von Nachteil ist ihre starke Temperaturabhängigkeit, hervorgerufen durch die Widerstandsänderungen der Spulenwicklungen, der Kunstschaltung und des Trommelmaterials mit der Temperatur. Diese Einflüsse lassen sich, wenigstens bis zu einem gewissen Grade, kompensieren.

8 Elektrothermische Instrumente

Bei den elektrothermischen Instrumenten wird die Erwärmung eines vom Meßstrom durchflossenen Leiters oder seine durch die Erwärmung verursachte Ausdehnung zur Strommessung benutzt. Diese Effekte sind unabhängig von der Stromrichtung und Stromart, die Instrumente sind daher für Gleich- und Wechselstrom verwendbar. Je nach Art des Meßwerks unterscheidet man Hitzdrahtinstrumente, Thermoumformerinstrumente und Bimetallinstrumente. Die ersteren gehören zwar der Vergangenheit an, ihr Meßprinzip soll hier jedoch kurz erwähnt werden.

8.1 Hitzdrahtinstrumente

Das Hitzdrahtmeßwerk geht auf *Cardew* (1887) zurück, der die *Verlängerung* eines mehrere Meter langen stromdurchflossenen Drahtes unmittelbar zur Drehung eines Zeigers benutzte. Dagegen wurde bei den späteren Ausführungen die *Durchbiegung* eines nur 16 cm langen Platiniridiumdrahts durch einen sinnreichen Mechanismus auf die Zeigerachse übertragen. Wie in Bild 8.1 erkennbar, zweigt etwa in der Mitte des horizontal ausgespannten Hitzdrahts ein weiterer Draht ab, dessen anderes Ende auf der Grundplatte des Meßwerks befestigt ist. An der Mitte dieses sogenannten Brückendrahts greift ein feiner Kokonfaden an, der, um eine Rolle auf der Zeigerachse geschlungen, zu einer Blattfeder geführt ist und damit das ganze System gespannt hält. Durch diese Anordnung läßt sich die von Natur aus quadratische Abhängigkeit der Anzeige vom Meßstrom beeinflussen und eine gleichmäßigere Skalenteilung erreichen.

Die Hitzdrahtmeßwerke sind mit einer Wirbelstromdämpfung versehen und können direkt für Ströme bis etwa 0,5 A ausgelegt werden. Für größere Ströme wendet man Unterteilung des

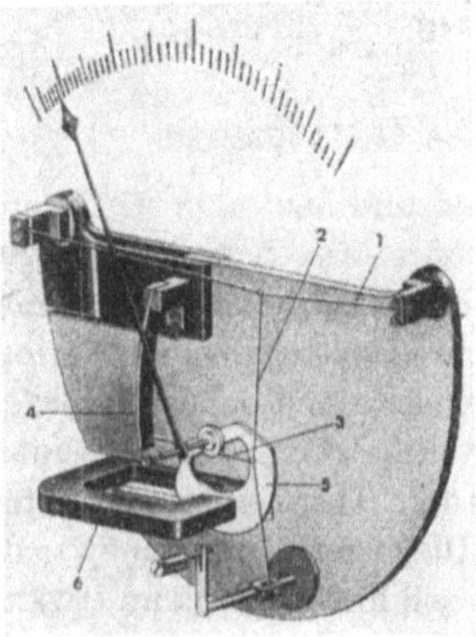

Bild 8.1. Hitzdrahtmeßwerk (*Werkbild H & B*). 1 Hitzdraht, 2 Brückendraht, 3 Kokonfaden, 4 Blattfeder, 5 Dämpferscheibe, 6 Dämpfermagnet

Hitzdrahts oder Nebenwiderstände an. In Verbindung mit entsprechend bemessenen Vorwiderständen eignen sich die Meßwerke ebenso auch zur Spannungsmessung. Sie sind unempfindlich gegen magnetische und elektrostatische Einflüsse, dagegen sehr empfindlich gegen Überlastung: Schon das Doppelte des Nennstroms kann zur Zerstörung des Hitzdrahts führen. Hitzdrahtinstrumente zeigen Gleichstromwerte und — unabhängig von der Kurvenform — Wechselstrom-Effektivwerte in gleicher Weise an und sind bis zu Frequenzen von 1 MHz brauchbar. Deshalb wurden sie früher viel als Wechselstrominstrumente, insbesondere bei höheren Frequenzen, verwendet. Jetzt werden sie nicht mehr gebaut, da sie durch Gleichrichter- und

Thermoumformerinstrumente, in der Energietechnik durch Dreheiseninstrumente abgelöst wurden.

8.2 Thermoumformerinstrumente

Für Hochfrequenzmessungen verwendet man heutzutage an Stelle von Hitzdrahtinstrumenten vielfach Drehspulinstrumente mit einem vorgeschalteten Thermoumformer. Dieser besteht aus dem vom Meßstrom durchflossenen Heizdraht und einem in seiner Mitte angebrachten Thermoelement (Bild 8.2). Die im Heizdraht hervorgerufene Erwärmung wird zur Messung be-

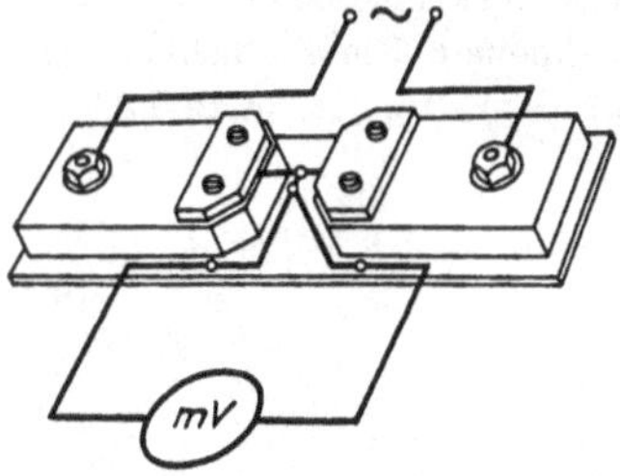

Bild 8.2. Prinzip des Thermoumformers *(Werkbild Gossen)*

nutzt. Sie ist vom Quadrat des Stromes abhängig und erzeugt in dem Thermoelement eine annähernd proportionale Thermospannung, die mit dem angeschlossenen Drehspulinstrument gemessen wird. Dessen Zeigerausschlag ist daher etwa proportional dem Quadrat des zu messenden Stromes.

Der Heizer, ein kurzer Draht oder bei höheren Stromstärken ein Band, z. B. aus Chromnickel oder Konstantan, ist mit nur wenigen Millimetern freier Länge zwischen zwei Kontaktstücken eingespannt und hart angelötet. Bei den direkt geheizten Thermoumformern ist das Thermoelement unmittelbar an den Heizer angelötet oder angeschweißt, bei den indirekt geheizten Thermoumformern hingegen durch eine Glasperle oder ein Glasröhrchen gegen den Heizer isoliert. Dieser wird so bemessen, daß seine Temperatur bei Nennstrom 300° C nicht überschreitet; das ergibt dann eine Thermospannung von 10 ··· 12 mV. Zu ihrer Messung wird daher ein empfindliches Drehspul-Millivoltmeter benötigt.

Thermoumformer sind nur wenig überlastbar, denn beim doppelten Nennstrom, d. h. bei etwa vierfacher Temperaturerhöhung, würde der Heizer unter Umständen schon durchbrennen. Die offene Bauweise, wie sie für größere Ströme angewendet wird, verbraucht wegen der Wärmeabgabe an die umgebende Luft eine verhältnismäßig hohe Heizleistung. Deshalb werden Thermoumformer für kleine Ströme bis etwa 250 mA in einen luftleeren Glaskolben eingeschmolzen. Man gewinnt dadurch eine wesentlich höhere Empfindlichkeit. Eine derartige Ausführung für 1 mA Nennstrom ist in Bild 8.3 dar-

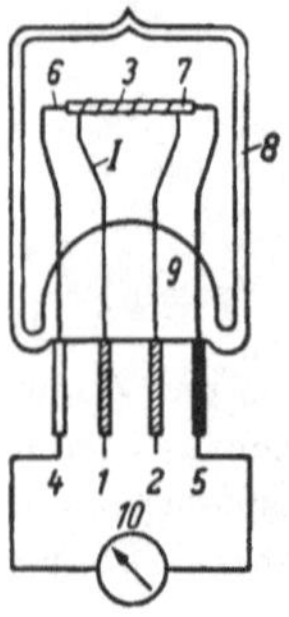

Bild 8.3. Thermoumformer für 1 mA *(Werkbild H & B)*. 1 u. 2 Stromanschlüsse, 3 Heizwendel, 4–6 Thermoelement, 7 Glasröhrchen, 8 Glaskolben, 9 Quetschfuß, 10 Drehspul-Anzeigeinstrument

gestellt. Hierbei ist das Thermoelement von einem feinen Glasröhrchen umgeben, auf das die Heizwicklung aus 6 µm starkem Draht mit etwa 2 kΩ aufgebracht ist. Thermoumformer haben je nach Höhe des Nennstroms einen Eigenverbrauch von einigen Milliwatt bis zu 1 W beim Nennstrom. Sie lassen sich für Frequenzen bis 1 MHz verwenden, Sonderausführungen sogar bis zu 1 GHz. Für größere Ströme bis etwa 10 A fertigt man den Heizer aus dünnem Band, um die Wärmeträgheit und die bei hohen Frequenzen auftretenden Fehler infolge von Stromverdrängung zu verringern. Ströme über 10 A müssen über besondere Hochfrequenzwandler gemessen werden.

Thermoumformerinstrumente sind ihrem Prinzip gemäß Strommesser. Ebenso lassen sich mit ihnen aber auch Spannungen messen, wenn die dabei verwendeten Vorwiderstände für die in Frage kommenden Frequenzen genügend induktivitäts- und kapazitätsfrei sind. Die Instrumente können mit Gleichstrom geeicht werden und zeigen dann bei Wechselstrom den Effektivwert, im allgemeinen auf ±1% genau, an. Bei Instrumenten für nur einen Meßbereich kann der Thermoumformer fest eingebaut und die Skala unmittelbar in Volt oder Ampere eingeteilt und beschriftet werden. Da für jeden Thermoumformer eine gesonderte Eichung erforderlich wäre, erhalten z. B. Laboratoriumsinstrumente für mehrere Meßbereiche eine gleichmäßig geteilte, neutrale Skala. Auswechselbare Thermoumformer in einem Gehäuse mit Klemmen und Anschlußlaschen (Bild 8.4)

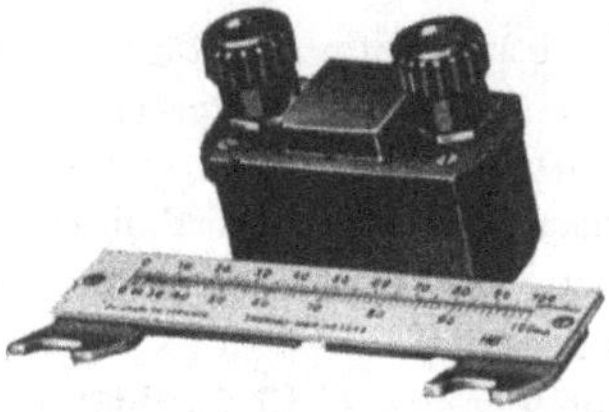

Bild 8.4. Anklemmbarer Thermoumformer mit Skalennomogramm *(Werkbild H & B)*

können dann an das Instrument angesteckt werden, und aus dem beigefügten Skalennomogramm ist der Zusammenhang zwischen Meßstrom und Instrumentenanzeige abzulesen.

8.3 Bimetallinstrumente

Ein Bimetall ist ein Blech aus zwei heiß aufeinandergewalzten und verschweißten Metallen mit verschiedenen Ausdehnungskoeffizienten. Das Meßwerk der Bimetallinstrumente enthält einen solchen Bimetallstreifen, der zu einer Spirale gebogen und mit seinem inneren Ende an der Meßwerkachse, mit dem andern an einem isolierten Fixpunkt befestigt ist (Bild 8.5). Führt man hier den zu messenden Strom zu und von der Drehachse z. B. durch ein flexibles Kupferband ab, so krümmt oder streckt sich die Spirale infolge der Erwärmung und dreht dabei die Achse mit dem Zeiger. Die Spirale kann auch indirekt er-

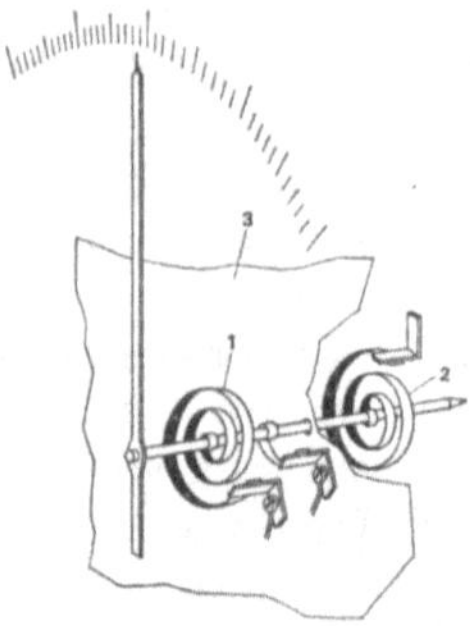

Bild 8.5. Bimetallmeßwerk *(Werkbild H & B)*. 1 Meß-Bimetallspirale, 2 Kompensations-Bimetallspirale, 3 Isolierscheibe

wärmt werden. Ein besonderes Richtmoment erübrigt sich, weil es von der Bimetallspirale selbst ausgeübt wird. Dagegen muß der Einfluß der Umgebungstemperatur durch eine stromlose Kompensationsspirale mit entgegengesetztem Wicklungssinn ausgeglichen werden. Sie wird durch eine Isolierscheibe vor der Wärmestrahlung der Meßspirale geschützt.

Das Meßwerk zeichnet sich durch besondere Einfachheit aus und ist gegen Überlastung wenig empfindlich. Es liefert ein sehr kräftiges Drehmoment (etwa 30 p cm), das vom Quadrat des Meßstroms abhängig ist. Bimetallinstrumente zeigen daher, ebenso wie die beiden andern Arten elektrothermischer Instrumente, sowohl Gleichstrom als auch den Effektivwert von Wechselströmen an. Sie werden als Schalttafelinstrumente und Schreiber gebaut, in der Hauptsache als Strommesser für 5 A Nennstrom, den allgemein üblichen sekundären Nennstrom der Stromwandler. Die Meßfehlergrenzen betragen dann $\pm 2{,}5\%$ oder $\pm 3\%$.

Wegen der hohen Trägheit der Spirale erreicht der Zeiger erst nach einer gewissen Zeit, je nach Ausführung z. B. nach 8 oder 15 Minuten, seinen Einstellwert. Die Instrumente sind deshalb besonders geeignet, den mittleren Stromwert über eine bestimmte Zeit ohne Berücksichtigung von kurzzeitigen Schwankungen zu messen. Das starke Drehmoment erlaubt, mit dem Zeiger einen

Bild 8.6. Bimetall-Strommesser mit Schleppzeiger und einstellbarer Konstantenanzeige *(Werkbild Gossen)*. Zeigerstellung auf 0, Schleppzeiger auf Teilstrich 80

elektrischen Kontakt zu betätigen oder einen Schleppzeiger zu bewegen, der dann beim Maximum des mittleren Stromwerts stehenbleibt (Maximum-Strommesser Bild 8.6).

9 Elektrostatische Instrumente

9.1 Prinzip

Im Gegensatz zu den bisher beschriebenen Meßwerken, deren Wirkungsweise auf Stromdurchgang beruht, sprechen die elektrostatischen Meßwerke nur auf Spannung an. Bei ihnen wird von den elektrostatischen Kräften zwischen zwei oder mehreren elektrisch geladenen oder unter Spannung stehenden Elektroden Gebrauch gemacht. Das Meßprinzip sei an dem von *Thomson*, dem nachmaligen *Lord Kelvin*, etwa 1860 angegebenen *Schutzring-Elektrometer* (Bild 9.1) erläutert. Dieses besteht aus einem Kreisplattenkondensator mit einer feststehenden Elektrode (1) und einer beweglichen, an einem Waagebalken aufgehängten Elektrode (2). Um eine gleichmäßige Feldverteilung zwischen den beiden Platten zu erreichen, ist die kleinere mit einem Schutzring (3) umgeben und mit diesem leitend verbunden.

Legt man die zu messende Spannung U an die Platten, so wird die bewegliche Elektrode (2) mit der Kraft F angezogen, wobei

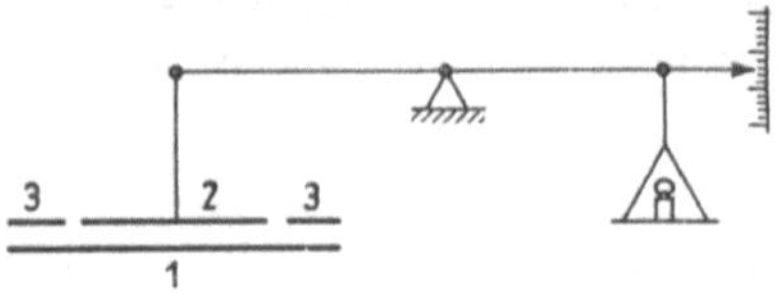

Bild 9.1. Prinzip des Schutzring-Elektrometers. 1 feste Elektrode, 2 bewegl. Elektrode, 3 Schutzring

sich der Abstand a um Δa verringert. Das hat eine Vergrößerung der Kondensatorkapazität C um ΔC zur Folge und eine Zunahme der elektrischen Energie $W_e = \frac{1}{2} C U^2$ um den Betrag $\Delta W_e = \frac{1}{2} U^2 \Delta C$. Wie in Bild 9.1 angedeutet, kann durch Ausgleichgewichte das ursprüngliche Gleichgewicht wiederhergestellt werden. Die dafür erforderliche mechanische Arbeit $W_m = F \Delta a$ ist dann gleich dem Gewinn an elektrischer Energie:

$$F \Delta a = \frac{1}{2} U^2 \Delta C \tag{37a}$$

oder

$$F = \frac{1}{2} U^2 \frac{\Delta C}{\Delta a} \tag{37b}$$

Aus den aufgelegten Gewichten und den geometrischen Daten des Kondensators läßt sich dann die Spannung U berechnen:

$$U = \sqrt{2 F \frac{\Delta a}{\Delta C}} \tag{38}$$

Beispiel:

Durchmesser der beweglichen Elektrode 10 cm, Fläche $A = 25\,\pi\ \mathrm{cm}^2$. Für Plattenabstand $a = 1$ cm wird die Kapazität

$$C = \frac{\varepsilon_0 \cdot A}{a} = \frac{0{,}885 \cdot 10^{-13}\ \mathrm{F} \cdot 25\,\pi\,\mathrm{cm}^2}{1\ \mathrm{cm} \cdot \mathrm{cm}} = 6{,}95\ \mathrm{pF},$$

wobei $\varepsilon_0 = 0{,}885 \cdot 10^{-13}$ F/cm die Influenzkonstante bedeutet. Verringert sich a durch Anlegen der Spannung U um $\Delta a = 0{,}1$ cm, so erhöht sich die Kapazität um den Faktor 10/9 auf 7,72 pF, d. h. um $\Delta C = 0{,}77$ pF. Zum Ausbalancieren seien Gewichte mit 0,1 g Masse erforderlich. Das ergibt bei gleicharmiger Waage eine Anziehungskraft

$$F = 10^{-4}\,\text{kg} \cdot 9{,}81\,\text{m/s}^2 = 9{,}81 \cdot 10^{-4}\,\text{N}^*.$$

Damit kann die Spannung berechnet werden:

$$U^2 = \frac{2F \cdot \Delta a}{\Delta C} = \frac{2 \cdot 9{,}81 \cdot 10^{-4}\,\text{Ws} \cdot 10^{-3}\,\text{m}}{0{,}77 \cdot 10^{-12}\,\text{F} \cdot \text{m}} = 2{,}55 \cdot 10^6\,\text{V}^2$$

$$U = 1600\,\text{V}.$$

Das Instrument braucht nicht mit Hilfe bekannter Vergleichsspannungen geeicht zu werden, vielmehr läßt sich die gesuchte Spannung aus physikalischen Grundgrößen (Länge, Fläche, Masse, Influenzkonstante) berechnen. Messungen dieser Art bezeichnet man als Absolutmessungen. Sie können mit außerordentlich hoher Genauigkeit (bis zu 0,01% Meßunsicherheit) ausgeführt werden, allerdings ist dann der Aufwand an Instrumentarium und Meßzeit beträchtlich. Schutzring-Elektrometer werden daher nur in Eichlaboratorien, z. B. in Staatsinstituten, verwendet, für industrielle Meßinstrumente sind sie nicht geeignet.

9.2 Ausführungen

Das Prinzip des Plattenkondensators liegt in etwas abgewandelter Form dem elektrostatischen Hochspannungsmesser, einem praktisch ausgeführten Schalttafelinstrument, zugrunde. Dessen Meßwerk (Bild 9.2) enthält drei vertikal angeordnete, rechteckige Elektroden. Die beiden äußeren sind feststehend und gegeneinander isoliert. Dazwischen hängt an zwei feinen Metallbändchen die Mittelelektrode aus dünnem Aluminiumblech, die

* Zur Umrechnung: 1 N = 1 Ws/m = 9,81 kg m/s²
1 F = 1 s/Ω

mit der linken Elektrode leitend verbunden ist. Legt man die zu messende Spannung an die beiden Festelektroden, so wird die bewegliche Elektrode von der linken abgestoßen und von der rechten angezogen. Die Bewegung wird durch ein mechanisches Zwischenglied auf die Meßwerkachse übertragen und elektro-

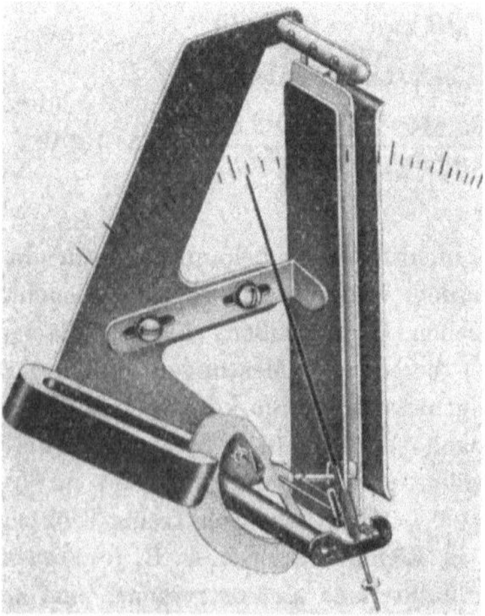

Bild 9.2. Meßwerk des elektrostatischen Hochspannungsmessers *(Werkbild H & B)*

magnetisch gedämpft. Eine besondere Richtkraft ist nicht vorhanden, die Mittelelektrode hängt frei und bestimmt dadurch die Ruhestellung. Deshalb muß das Instrument vor der Messung so ausgerichtet werden, daß der Zeiger bei Spannungslosigkeit auf dem Nullstrich der Skala steht. Zum Transport ist das bewegliche Organ zu arretieren.

Wie beim Schutzring-Elektrometer ist gemäß Gleichung (37 b) die auslenkende Kraft und damit auch das Drehmoment proportional dem Quadrat der Spannung, so daß die Skala eine quadratische Teilung erhält. Der Zeigerausschlag ist unabhängig von der Polarität der Spannung, die Instrumente sind daher sowohl für Gleichspannung als auch für Wechselspannung verwendbar, und zwar bei Frequenzen bis zu 1 MHz. Sie zeigen dann den quadratischen Mittelwert oder Effektivwert [26, 27] an.

Der Eigenverbrauch der Instrumente ist bei Gleichspannungsmessungen praktisch Null und nur durch den äußerst geringen Isolationsstrom (Größenordnung Nanoampere oder darunter) gegeben. Bei der Messung von Wechselspannungen kommt durch den kapazitiven Blindstrom ein Verbrauch an Blindleistung hinzu, der allerdings bei technischen Frequenzen ebenfalls gering ist, mit steigender Frequenz jedoch zunimmt.

Beispiel:

Mittlere Meßwerkkapazität $C = 30$ pF
Meßspannung $U = 1$ kV
Kreisfrequenz $\omega = 2\,\pi \cdot 50/\mathrm{s}$

$$\text{Blindstrom } I = \omega C \cdot U = \frac{2\pi \cdot 50}{\mathrm{s}} \cdot 30 \cdot 10^{-12}\,\mathrm{F} \cdot 10^{3}\,\mathrm{V} = 9{,}42\,\mu\mathrm{A}$$

$$\text{Blindleistung } Q = I\,U = 9{,}42 \cdot 10^{-6}\,\mathrm{A} \cdot 10^{3}\,\mathrm{V} = 9{,}42 \cdot 10^{-3}\,\mathrm{var}$$

Die Instrumente werden für Meßbereich-Endwerte von 1 bis 15 kV ausgelegt. Zur Messung höherer Wechselspannungen kann man Vorkondensatoren verwenden, die ähnlich wie die Vorwiderstände bei den früher beschriebenen stromführenden Spannungsmessern in Reihe mit dem Instrument geschaltet werden und

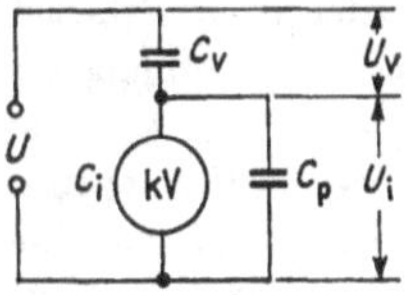

Bild 9.3. Meßbereicherweiterung eines elektrostatischen Spannungsmessers durch Vor- und Parallelkondensator (kapazitive Spannungsteilung)

einen Teil der Meßspannung aufnehmen. Dabei ist zu beachten, daß die Kapazität des Instruments sich mit der Stellung des beweglichen Organs, d. h. mit dem Zeigerausschlag, ändert, so daß sich die Meßspannung je nach ihrer Höhe in verschiedenem Verhältnis auf Instrument und Vorkondensator aufteilt. Diesen Einfluß vermindert man dadurch, daß man der Instrumentenkapazität C_i einen Kondensator mit sehr viel größerer Kapazität C_p parallel- und in Reihe mit beiden dann den Vorkondensator C_v schaltet (Bild 9.3). Das ist aber nichts anderes als ein kapazitiver Spannungsteiler; denn nun bestimmen im wesentlichen C_p und C_v das Teilerverhältnis. Die beiden Teilspannungen verhalten sich umgekehrt wie die Kapazitäten:

$$\frac{U_v}{U_i} = \frac{C_i + C_p}{C_v}. \tag{39}$$

Das Verhältnis der am Instrument liegenden Teilspannung zur Gesamtspannung U ist dann

$$\frac{U_i}{U} = \frac{C_v}{C_i + C_p + C_v}. \tag{40}$$

Beispiel:

Mittlere Meßwerkkapazität $C_i = 40$ pF.

Um den Einfluß der Kapazitätsänderung vernachlässigbar klein zu halten, wird ein Kondensator mit $C_p = 1000$ pF parallelgeschaltet. Der Meßbereich soll auf das 5fache erweitert werden.

Nach einigen Umformungen erhält man aus Gleichung (40) für die Vorschaltkapazität:

$$C_v = \frac{U_i}{U - U_i} \cdot (C_i + C_p) = \frac{1}{4} \cdot 1040\,\text{pF} = 260\,\text{pF}.$$

Durch Parallelschalten von C_p erhöht sich der Stromverbrauch auf das 26fache, das bedeutet bei der 5fachen Spannung eine Erhöhung der Blindleistung auf das 130fache. Dies kann bei hohen Spannungen und bei höheren Frequenzen kritisch werden. Zur Meßbereicherweiterung bei Gleichspannung sind nur ohmsche Spannungsteiler verwendbar, Vorkondensatoren oder kapazitive Spannungsteiler scheiden hier aus.

Bei allen elektrostatischen Instrumenten ist die Überlastbarkeit verhältnismäßig gering, da die Elektrodenabstände im Hinblick auf möglichst große Drehmomente nur knapp bemessen werden. Schutz gegen Zerstörung durch Überspannungen bieten hinreichend spannungsfeste Schutzwiderstände oder Vorkondensatoren, deren Wert so zu wählen ist, daß die Anzeige nicht gefälscht wird. Von magnetischen Feldern werden die elektrostatischen Instrumente überhaupt nicht beeinflußt, dagegen müssen sie ebenso wie ihr Zubehör vor dem Einfluß elektrischer Fremdfelder sorgfältig abgeschirmt werden.

Eine zweite Bauart geht auf das ebenfalls von *Thomson* stammende *Quadrantelektrometer* zurück. Hierbei hat der Kondensator die Form einer flachen, in vier Quadranten unterteilten Kammer, in der eine drehbar aufgehängte, doppelflügelige Elektrode, auch Nadel genannt, schwingt (Bild 9.4). Die vier Quadranten sind

Bild 9.4. Meßwerk des Quadrantelektrometers *(Werkbild Siemens)*

gegeneinander isoliert, je zwei gegenüberliegende sind leitend miteinander verbunden (in den Prinzipschaltungen Bild 9.5 nur vereinfacht dargestellt). Die bewegliche Elektrode wird durch elektrostatische Kräfte aus ihrer Ruhelage ausgelenkt und in das eine Quadrantenpaar hineingedreht. Hier wird also die Kapazitätsänderung nicht durch Verringern des Elektrodenabstandes, sondern wie bei einem Drehkondensator durch Vergrößern der wirksamen Kondensatorfläche bei konstantem Elektrodenabstand hervorgerufen. Solche Elektrometer lassen sich in drei verschiedenen Schaltungen zur Spannungsmessung verwenden.

In der idiostatischen Schaltung Bild 9.5a ist das eine Quadrantenpaar mit der beweglichen Elektrode, das andere mit dem geerdeten Metallgehäuse verbunden, das als elektrostatischer Schirm wirkt. Dazwischen wird die zu messende Spannung U, in der Größenordnung von 100 bis 1000 V, angelegt. Der Zeigerausschlag ist dann wieder proportional dem Quadrat der Span-

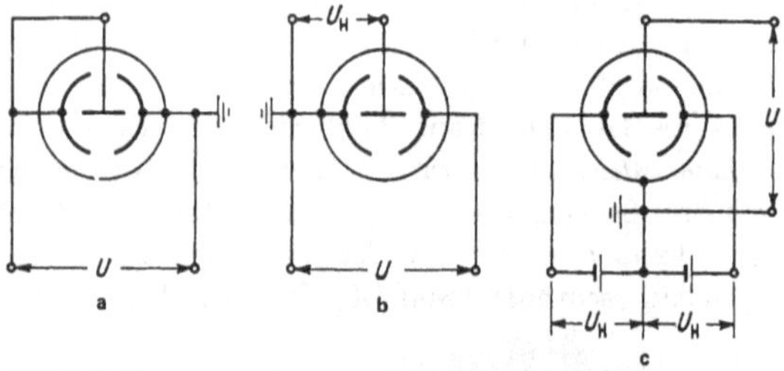

Bild 9.5. Spannungsmessung mit Quadrantelektrometer: a) idiostatische Schaltung, b) Quadrantschaltung, c) Nadelschaltung

nung: $\alpha \sim U^2$. Um bei der Messung kleiner Gleichspannungen (Millivolt und darunter) ausreichende Empfindlichkeit zu erzielen, kann man mit einer Hilfsgleichspannung von einigen hundert Volt arbeiten. In der Quadrantschaltung Bild 9.5b liegt die Meßspannung U zwischen den beiden Quadrantenpaaren, während die Hilfsspannung U_H mit der beweglichen Elektrode einerseits und dem geerdeten Quadrantenpaar andererseits verbunden ist. Dagegen wird bei der Nadelschaltung Bild 9.5c die

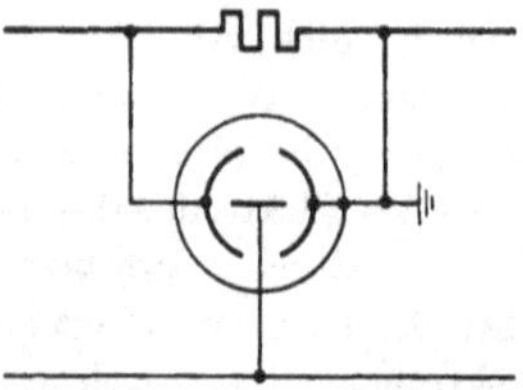

Bild 9.6. Leistungsmessung mit Quadrantelektrometer

Meßspannung zwischen beweglicher Elektrode (Nadel) und Gehäuse angelegt, und die beiden Quadrantenpaare erhalten entgegengesetzt gleiche Hilfsspannungen. In beiden Fällen ist der

Zeigerausschlag proportional dem Produkt aus Meßspannung und Hilfsspannung, $\alpha \sim U \cdot U_{\mathrm{H}}$, man erhält somit für U linear geteilte Skalen.

Nach der Schaltung Bild 9.6 sind die Instrumente auch zur Leistungsmessung verwendbar. Dazu legt man zwischen Nadel und Gehäuse die Leitungsspannung und zwischen die beiden Quadrantenpaare die Spannung, die vom Verbraucherstrom an einem ohmschen Widerstand bekannter Größe hervorgerufen

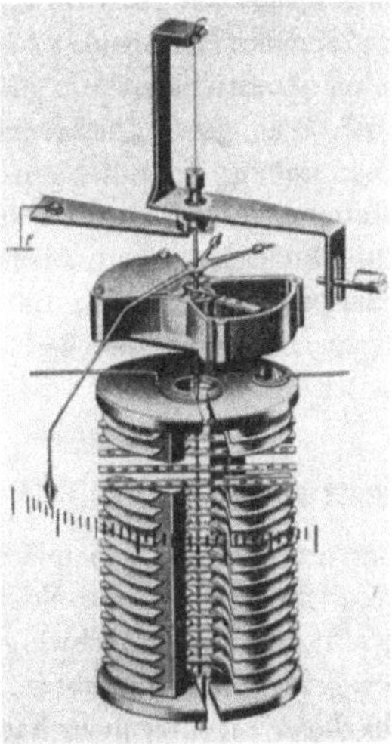

Bild 9.7. Meßwerk des Multizellularvoltmeters *(Werkbild H & B)*

wird. Es wird dann exakt die Leistung, bei Wechselstrom die Wirkleistung angezeigt.

Quadrantelektrometer der in Bild 9.4 gezeigten Ausführung werden als Laboratoriumsinstrumente mit Spannbandlagerung und Lichtmarkenablesung gebaut, z. B. für Meßbereich-Endwerte von 20 bis etwa 200 V mit $\pm 1\%$ Anzeigetoleranz. Sie eignen sich vornehmlich zur leistungslosen Spannungsmessung in elektronischen Schaltungen und anderen energiearmen Kreisen.

Größere Drehmomente liefert das *Multizellularvoltmeter* (Bild 9.7), dessen Meßwerk eine Vervielfachung des Kammerprinzips darstellt. Zwei einander gegenüberstehende senkrechte Plattenreihen bilden die festen Elektroden. In den Zwischenräumen sind als Gegenelektroden dünne Blechstreifen (Nadeln) angeordnet, die an der Meßwerkachse befestigt und mit dieser an einem Metallband drehbar aufgehängt sind. Bei Anlegen der Meßspannung wird die Nadelreihe in die von den Festelektroden gebildeten Kammern hineingedreht, wobei das Aufhängeband das Richtmoment liefert. Die feststehenden Elektroden haben die Form von hyperbolischen Spiralen, damit eine nahezu gleichmäßige Skalenteilung erreicht wird. Das ganze Meßwerk ist durch einen Metallschirm vor elektrischen Fremdfeldern geschützt. Windflügel in einer Luftkammer bewirken die Dämpfung. In dieser Form werden die Multizellularvoltmeter als Laboratoriumsinstrumente für Spannungsbereiche von 100 bis 1500 V gebaut. Ihre elektrischen Eigenschaften entsprechen etwa denen der beschriebenen Elektrometer.

10 Vibrationsinstrumente

Die Meßwerke der Vibrationsinstrumente sind gekennzeichnet durch schwingungsfähige bewegliche Organe, die elektromagnetisch (oder auch elektrostatisch) zu Resonanzschwingungen angeregt werden. Dabei unterscheidet man Meßwerke, die eine Anzahl von Schwingern verschiedener Eigenfrequenz haben, und solche, die nur einen einzigen, auf die Frequenz der Meßgröße abstimmbaren Schwingkörper enthalten. Zu der ersten Art gehören die Zungenfrequenzmesser, zu der zweiten die Vibrationsgalvanometer.

10.1 Zungenfrequenzmesser

In dem Meßwerk des elektromagnetischen Zungenfrequenzmessers nach *Hartmann-Kempf* (Bild 10.1) sind Stahlzungen in einer Reihe nebeneinander angeordnet und einseitig eingespannt. Somit können sie Biegeschwingungen ausführen, die durch weißlackierte Fähnchen am vorderen Zungenende gut sichtbar gemacht sind. Die einzelnen Zungen werden durch Auftragen oder

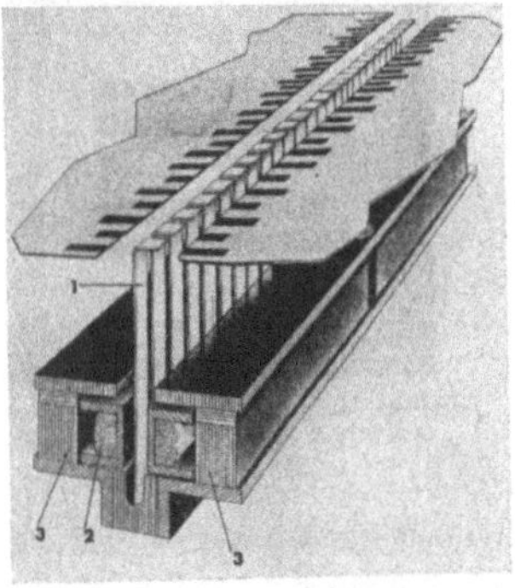

Bild 10.1. Meßwerk des Zungenfrequenzmessers nach Hartmann-Kempf (*Werkbild H & B*). 1 Stahlzungen, 2 Magnetisierungswicklung, 3 Dauermagnete

teilweises Wiederabfeilen von Lötzinn auf unterschiedliche Eigenfrequenzen, in gleichmäßiger Folge zunehmend, abgestimmt. Der ganze Zungenkamm befindet sich innerhalb eines langgestreckten Wechselstrom-Elektromagnets, dessen Feld auf die Stahlzungen mit jeder Halbschwingung, d. h. mit der doppelten Wechselfrequenz, Kräfte ausübt und sie dadurch zu Schwingungen anregt. Diejenige Zunge wird dann besonders stark schwingen, deren Eigenfrequenz gleich der doppelten Frequenz des erregenden Wechselstroms ist. Die übrigen, nicht in Resonanz befindlichen Zungen bleiben infolge ihrer Dämpfung durch Luft und Wirbelströme praktisch in Ruhe, nur die Nachbarzungen schwingen mehr oder weniger mit. Aus dem Schwingungsbild läßt sich dann auf der in Hertz beschrifteten Skala die gesuchte Wechselfrequenz ablesen, wobei auch Zwischenwerte mit einiger Sicherheit geschätzt werden können (Bild 10.2).

Die Skala der Zungenfrequenzmesser zeigt in entsprechenden Ausschnitten die Fähnchen einer oder auch mehrerer Zungenreihen (Bild 10.3). Im allgemeinen beträgt der Frequenzabstand von einer Zunge zur nächsten 1%, bei 50 Hz also 0,5 Hz. Ist der Abstand geringer, so besteht die Gefahr, daß wegen der

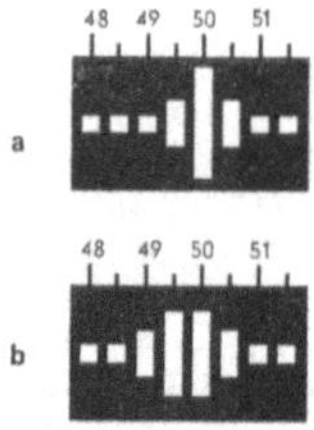

Bild 10.2. Schwingungsbilder eines Zungenfrequenzmessers. Anzeige bei a: 50,0 Hz, bei b: 49,75 Hz

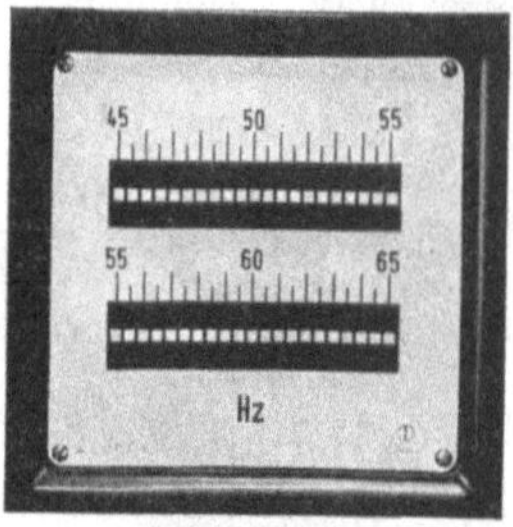

Bild 10.3. Zungenfrequenzmesser mit 2 Zungenreihen *(Werkbild Metrawatt)*

flachen Resonanzkurve mehrere Zungen mitschwingen und die Anzeige unklar wird.

Bei einer zweiten, von *Frahm* angegebenen Meßwerkart sind die Zungen in einer Trägerleiste eingespannt, die zusammen mit einem eisernen Anker auf elastischen Federblechen befestigt ist (Bild 10.4). Hier wirkt der Elektromagnet nicht unmittelbar auf

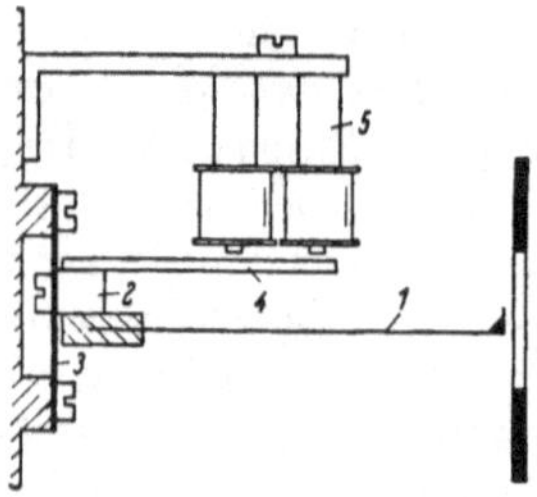

Bild 10.4. Prinzip des Zungenfrequenzmessers nach Frahm — *(Werkbild Siemens)*. 1 Stahlzungen, 2 Halterung, 3 elastische Platte, 4 Eisenanker, 5 Elektromagnet

die Zungen, sondern auf den Anker. Dieser versetzt den ganzen Zungenkamm in Schwingungen, und wieder wird nur diejenige Zunge besonders stark schwingen, die mit der doppelten Wechselfrequenz in Resonanz ist. Würde man den Anker durch eine Plattenelektrode ersetzen, die einer zweiten, festen Elektrode gegenübersteht, so hätte man damit einen elektrostatischen Zungenfrequenzmesser. Instrumente dieser Art sind jedoch nicht gebräuchlich.

Die Eigenfrequenz der Zungen läßt sich auf sehr einfache Weise gleich der Wechselstromfrequenz machen. Schaltet man nämlich in Reihe mit der Erregerwicklung des Elektromagnets einen Einweggleichrichter, der die negativen Halbschwingungen des Wechselstroms unterdrückt, so wirken die magnetischen Anziehungskräfte in jeder Periode nur einmal. Den gleichen Effekt erzielt man auch durch Überlagern eines mindestens ebenso starken magnetischen Gleichfeldes über das Wechselfeld, sei es mit Hilfe einer besonderen Gleichstromwicklung oder — einfacher — durch gepolte Elektromagnete, also Einfügen von Dauermagnetmaterial in den magnetischen Kreis (Bild 10.1). Dann würde z. B. die 50-Hz-Zunge nicht auf 100 Hz Eigenfrequenz, sondern auf 50 Hz abgestimmt werden. Der Eigenverbrauch des Meßwerks, der mit der Abstimmfrequenz der Zungen steigt, wird dadurch erheblich geringer.

Frequenzmesser werden wie Spannungsmesser geschaltet, die Magnetisierungswicklung liegt also an der Spannung, deren Frequenz gemessen werden soll, im allgemeinen über einem Vorwiderstand. Der Eigenverbrauch (einschließlich Vorwiderstand) beträgt je nach Frequenz, Nennspannung und Meßwerkart etwa 10 mW bis zu einigen Watt. Die Instrumente nach *Hartmann-Kempf* werden für Frequenzen von 10 bis 1500 Hz gebaut, wogegen die Bauart nach *Frahm* wegen der größeren Masse des schwingenden Systems nur bis zu einigen hundert Hertz ausführbar ist. Bei Schalttafelinstrumenten entspricht die Genauigkeit meist der Klasse 1, Präzisionsinstrumente können mit einer Anzeigetoleranz von $\pm 0{,}2\%$ bei 50 Hz oder $\pm 0{,}5\%$ bei höheren Frequenzen hergestellt werden. Anzeigefehler und Einflüsse werden bei den Zungenfrequenzmessern gemäß VDE 0410 auf den „richtigen Wert" (Sollwert) bezogen, da jede Zunge gewissermaßen als selbständiges Meßwerk anzusehen ist. Der Temperatureinfluß beträgt —0,1 ··· 0,2%/10 grd, bedingt durch die Änderung der Länge und vor allem der Elastizität der Zungen mit der Temperatur. Er kann durch Verwenden von temperaturunabhängigem Federmaterial aus Speziallegierungen praktisch zu Null gemacht werden.

10.2 Vibrationsgalvanometer

Als Nullindikatoren für Wechselstrombrücken und Wechselstrom-Kompensationseinrichtungen dienen die Vibrationsgalvanometer, die sich mit Meßwerken sowohl nach dem Drehspul- als auch nach dem Drehmagnetprinzip herstellen lassen. Dazu muß das bewegliche Organ so leicht und beweglich gehalten sein, daß es den Schwingungen des Wechselstroms zu folgen vermag. Seine Eigenfrequenz ist gegeben durch die Beziehung

$$f = \frac{1}{2\pi} \cdot \sqrt{\frac{D}{J}}, \qquad (41)$$

worin D das Richtmoment und J das Trägheitsmoment des beweglichen Organs bedeutet. Ist bei einer gegebenen Ausführung das Trägheitsmoment (Masse und Abmessungen) genügend klein, so läßt sich durch Ändern des Richtmoments die Eigenfrequenz des beweglichen Organs auf die Frequenz des Wechselstroms abstimmen. Im Resonanzfall wird dann eine außerordentlich hohe Empfindlichkeit erreicht, die mehrere hundertmal größer als die Gleichstromempfindlichkeit sein kann.

Beim *Nadel*-Vibrationsgalvanometer, der meistverwendeten Ausführung, besteht das bewegliche Organ aus einem kleinen Eisenplättchen („Nadel"), das an einem Spannband befestigt ist. Seine Ruhestellung wird durch das Torsions-Richtmoment des Spannbandes und zusätzlich durch ein in Flächenrichtung wirkendes magnetisches Gleichfeld bestimmt. Senkrecht zur Fläche ist die ablenkende Kraft des vom Meßstrom erzeugten

Wechselfeldes gerichtet, die das Plättchen je nach Stromrichtung zur einen oder andern Seite hin dreht, so daß es im Takt der Wechselfrequenz Schwingungen ausführt. Diese werden dadurch sichtbar gemacht, daß ein mitschwingendes Spiegelchen den ausgeblendeten Lichtstrich einer kleinen Glühlampe auf eine Transparentskala reflektiert und auf ihr ein mehr oder weniger breites Lichtband hervorruft. Der Resonanzfall, der durch maximale Lichtbandbreite erkennbar ist, läßt sich durch Ändern der Gleichfeldmagnetisierung einstellen.

Die schematische Darstellung in Bild 10.5 zeigt die konstruktive Ausführung des Meßwerks, die im Lauf der Entwicklung mehrfach geändert wurde, um höhere Empfindlichkeit zu er-

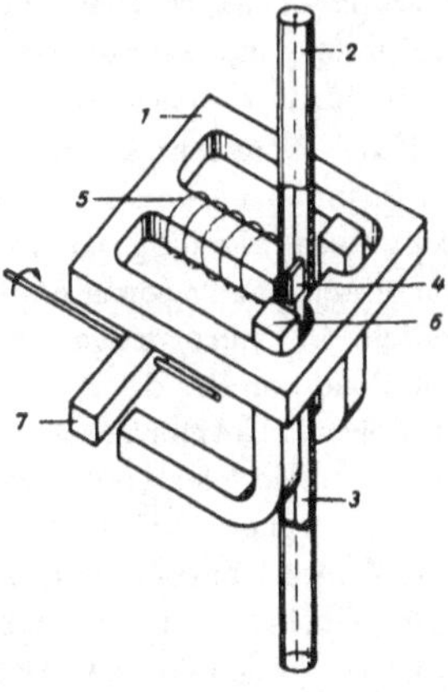

Bild 10.5. Prinzip des Nadelvibrationsgalvanometers *(Werkbild AEG)*. 1 Feldeisen, 2 Einsatz, 3 Spannband, 4 Nadel mit Spiegel, 5 Wechselfeldwicklung, 6 Polschuhe des Gleichstrommagnets, 7 Dauermagnet

zielen. In dem röhrchenförmigen Einsatz ist die am Spannband befestigte „Nadel" mit dem Spiegelchen angedeutet. Bei einer neueren Ausführung besteht die Nadel aus einem äußerst dünnen Platin-Kobalt-Magnet von weniger als 1 mm² Fläche. Damit lassen sich je nach Spannung und Querschnitt des Spannbandes verschiedene, auswechselbare Einsätze für Frequenzen von 15 bis 1000 Hz herstellen. Senkrecht zur Fläche des Magnetplättchens verläuft das vom Meßstrom erregte Wechselfeld und quer dazu, in Flächenrichtung, das Gleichfeld. Dieses kann durch eine (hier nicht dargestellte) Wicklung auf den Schenkeln des Gleichstrommagnets erzeugt werden oder, wie im Bild skizziert, z. B. durch einen stabförmigen Dauermagnet, der zur Regulierung des Feldes und zur Resonanzabstimmung mehr oder weniger aus dem Magnetkreis herausgedreht werden kann. Hinter dem Magnetplättchen ist im Einsatzröhrchen eine kleine Kupferschraube vorgesehen, in der durch das schwingende Plättchen Wirbelströme induziert werden. Durch Annähern der Schraube wird die Dämpfung erhöht, die Abklingzeit der Schwingungen verkürzt und damit das Arbeiten mit dem Instrument beschleunigt, allerdings auf Kosten der Empfindlichkeit. Diese ist bei tiefen Frequenzen am größten und nimmt mit wachsender Frequenz ab, stets Abstimmung auf Resonanz vorausgesetzt.

Bei 50 Hz lassen sich mit dem Nadel-Vibrationsgalvanometer noch Ströme von etwa 5 nA und Spannungen von 1 µV nachweisen. Diese hohe Empfindlichkeit macht allerdings sorgfältige magnetische und elektrostatische Abschirmung sowie erschütterungsfreie Aufstellung erforderlich. Der einzigartige Vorzug der Instrumente besteht darin, daß sie nur auf die Abstimmfrequenz ansprechen, während die höheren Harmonischen praktisch keinen Einfluß haben. Dadurch wird ein selektiver Abgleich von Brücken- oder Kompensationsschaltungen auf die Grundfrequenz ermöglicht. Meist wird das Meßwerk mitsamt der Lichtmarkenoptik, Skala und sonstigem Zubehör so in ein gemeinsames Gehäuse eingebaut, daß eine Lichtzeigerlänge von etwa 30 cm entsteht.

Die auf dem Drehspulprinzip beruhenden Schleifen-Vibrationsgalvanometer wurden schon vor vielen Jahren wieder verlassen. Dagegen sind die Nadel-Vibrationsgalvanometer noch mancherorts in Gebrauch, sie werden jedoch mehr und mehr durch elektronische Nullindikatoren ersetzt, die eine noch höhere Empfindlichkeit bieten.

11 Registrierinstrumente

Meßwerte können durch Registrierinstrumente (Schreiber) [19] selbsttätig aufgezeichnet werden, wenn man den zeitlichen Verlauf der Meßgröße, z. B. zur Überwachung eines Betriebes, beobachten oder festhalten will, oder aber wenn die Meßgröße sich so schnell ändert, daß man die Anzeige nicht mehr mit dem Auge verfolgen kann. Im ersten Fall benutzt man Meßwerke der gleichen Art wie die der Zeigerinstrumente und versieht sie mit geeigneten Schreibeinrichtungen. Das führt dann zwangsläufig zu einem entsprechend höheren Eigenverbrauch, den man in Kauf nimmt oder nötigenfalls durch Vorschalten eines Verstärkers wieder herabsetzen kann. Für den zweiten genannten Anwendungsfall, der den Bereich der technischen Frequenzen und der Tonfrequenz umfaßt, sind besondere Meßwerke erforderlich, deren bewegliches Organ genügend leicht und trägheitsarm ausführbar ist. Zu den Instrumenten dieser Art gehören verschiedene Schnellschreibertypen und die Lichtstrahloszillographen.

11.1 Linienschreiber

Bei den Linienschreibern zeichnet eine Schreibfeder an der Spitze des Meßwerkzeigers den Verlauf der Meßgröße auf ein ablaufendes Papierband. Dieses wird meist als 20 ··· 100 m langes Band von der Vorratsrolle nach unten zur Aufnahmerolle geführt, wobei noch ein gewisser Abschnitt der Aufzeichnung

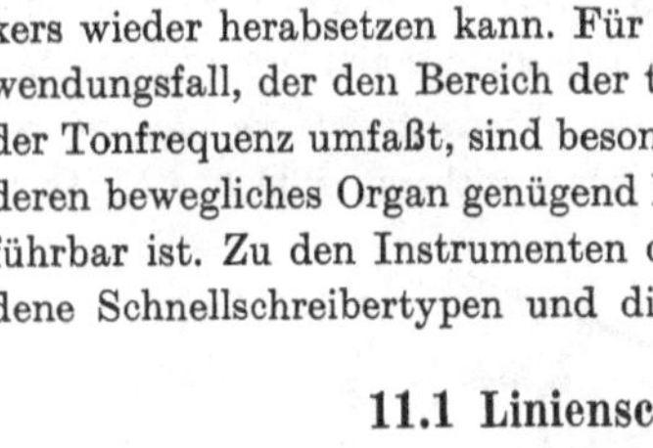

Bild 11.1. Dreifach-Stromschreiber *(Werkbild Metrawatt*

hinter der Glasscheibe sichtbar bleibt (Bild 11.1). Die Schreibbreite beträgt bei den kleineren Instrumenten 50 oder 60 mm, bei den größeren 100 oder 120 mm, bei Mehrfachschreibern bis zu 300 mm. Den Papiervorschub besorgt entweder ein Federwerk, das von Zeit zu Zeit von Hand oder elektrisch aufgezogen wird, oder ein netzbetriebener kleiner Synchronmotor, den man für den Störungsfall mit einer Gangreserve ausrüsten kann. Um einen gleichmäßigen Papierablauf zu gewährleisten, ist die Antriebswalze seitlich mit Stiftchen versehen, die in die Randperforation des Papierbandes eingreifen. Der Vorschub wird der Änderungsgeschwindigkeit der aufzuzeichnenden Meßgröße angepaßt. Er kann zwischen 5 und 72000 mm/h gewählt und durch Austauschen von Wechselrädern verändert werden.

Auf einer ebenen Schreibfläche bewegt sich die Zeigerspitze mit der Schreibfeder längs einer Kreisbahn (Bild 11.2A). Dazu

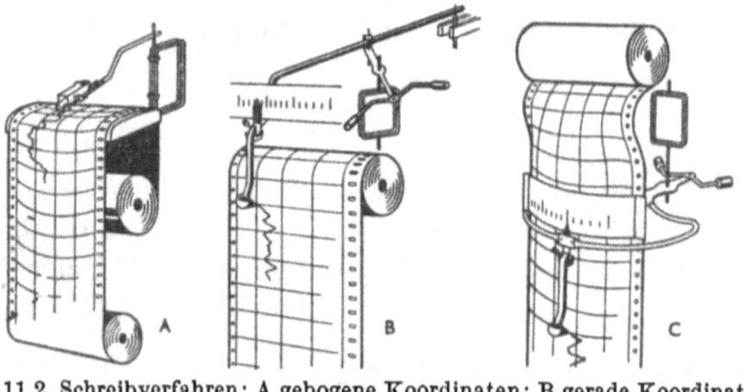

Bild 11.2. Schreibverfahren: A gebogene Koordinaten; B gerade Koordinaten, gerade Schreibfläche; C gerade Koordinaten, gebogene Schreibfläche

ist also ein Registrierpapier mit gebogenen Zeitkoordinaten erforderlich, das nur bei kleinen Schreibbreiten angewendet wird. Da solche Aufzeichnungen schwer auszuwerten sind, bevorzugt man rechtwinklige Koordinaten und muß dann die Schreibvorrichtung mit einer Geradführung (Sehnen- oder Ellipsenlenker) ausstatten, wie in Bild 11.2B angedeutet. Statt dessen kann man das Papierband über eine gewölbte Schreibfläche ablaufen lassen und das Meßwerk mit einem Haken- oder Bogenzeiger versehen, der um das Papier herumgreift (Bild 11.2 C). Im Ausland, vor allem in USA, sind für einfache Aufgaben Kreisblattschreiber sehr beliebt. Sie verwenden als Registrierpapier ein Kreisblatt mit Polarkoordinaten, das z. B. bei einer Umlaufzeit von 24 h jeden Tag zu einer bestimmten Stunde erneuert werden muß.

Tintenschreiber zeichnen mittels einer Tintenfeder eine Schreibspur von nur wenigen zehntel Millimetern auf das Registrierpapier. Als Feder dient meist ein feines Röhrchen aus Glas oder korrosionsfestem Metall mit einer trichter- oder napfförmigen Ausweitung zur Aufnahme des Tintenvorrats. Andere (ortsfeste) Ausführungen sehen als Schreibfeder ein Kapillarröhrchen vor, das in einen feststehenden, über die ganze Schreibbreite reichenden Tintentrog eintaucht. Die Tinte wird daraus durch Kapillarwirkung angesaugt und durch eine feine horizontale Spitze auf das Papier übertragen. Als Tinten verwendet man wäßrige, vorzugsweise violette Farblösungen (Methylviolett) von solcher Zusammensetzung, daß sie im Vorratsbehälter nicht eintrocknen und die Feder nicht verstopfen.

Daneben sind verschiedene tintenlose Aufzeichnungsverfahren in Gebrauch, die das lästige Nachfüllen der Tinte ersparen. Das meistverbreitete ist das Metallpapierverfahren, bei dem ein Registrierpapier mit einem einseitig aufgedampften, hauchdünnen Zink-Cadmium-Belag verwendet wird. Darüber gleitet als Schreibstift eine an der Zeigerspitze befestigte Wolframelektrode. Legt man zwischen Metallschicht und Elektrode eine Gleichspannung von etwa 20 V an, so wird in die Schicht eine feine Spur eingebrannt. Man kann damit auf demselben Streifen auch zwei verschiedene Kurven übereinanderschreiben, wenn man das Meßwerk durch eine Umschaltvorrichtung abwechselnd mit verschieden langer Kontaktdauer an zwei Meßstellen anschließt. Die beiden Kurven sind dann gut voneinander zu unterscheiden.

Mehr und mehr kommen zur Registrierung Wachspapiere mit einer dünnen weißen Wachsschicht auf dunkelfarbiger Papierunterlage in Gebrauch. Ein geheizter Schreibstift schmilzt dann eine farbig erscheinende Spur in die Wachsschicht ein. Schließlich kann man mit einem Schreibstift bei leichtem Andruck auch auf Registrierpapier mit hintergelegtem Kohlepapier aufzeichnen.

Die bisher genannten Ausführungen verlangen zum Betätigen der Schreibvorrichtung und zum Überwinden ihrer Reibung kräftige Drehmomente und entsprechend hohe Meßwerkleistungen. Sie werden vornehmlich mit Drehspulmeßwerken mit und ohne Gleichrichter oder mit ferrodynamischen Einfach- und Quotientenmeßwerken ausgerüstet. Damit lassen sich Spannung, Strom, Wirk- und Blindleistung, Frequenz und Leistungsfaktor registrieren. Wie aus Bild 11.1 ersichtlich, haben die Instrumente außer der Schreibvorrichtung stets noch einen Zeiger, der den Meßwert gleichzeitig auf einer Skala anzeigt. Das zugehörige Registrierpapier ist mit einer entsprechenden Teilung versehen, meist jedoch mit Längslinien in gleichmäßigen Abständen. Zum Auswerten der Aufzeichnung ist dann ein Ableselineal mit der Skalenteilung erforderlich. Die Querlinien sind im Zeitmaßstab aufgebracht. Im allgemeinen entspricht die Genauigkeit der Klasse 1,5, bei kleinen Schreibbreiten der Klasse 2,5.

11.2 Punktschreiber

Bei der elektrischen Messung nichtelektrischer Größen liefern die Meßgrößenumformer nur kleine Spannungen bei sehr geringen Leistungen, die nicht zum Betrieb eines Linienschreibers ausreichen würden. Für solche und ähnliche Zwecke wurden die Punktschreiber (auch Fallbügelschreiber) geschaffen. Sie sind allerdings nur für langsam sich ändernde Größen, wie z. B. die Temperatur, geeignet, da sie verhältnismäßig große Einstellzeiten haben: 5 ··· 10 s gegenüber 1 ··· 2 s bei Tintenschreibern. Das Meßwerk ist mit einem langen Schneidenzeiger versehen, der in gleichmäßigem Takt, etwa alle 30 s, durch einen Fallbügel auf das Registrierpapier und ein dazwischen befindliches Farbband niedergedrückt wird (Bild 11.3). Er markiert dann auf dem langsam ablaufenden Papierband eine Punktfolge. Diese Art der Aufzeichnung hat zugleich den großen Vorteil, daß man

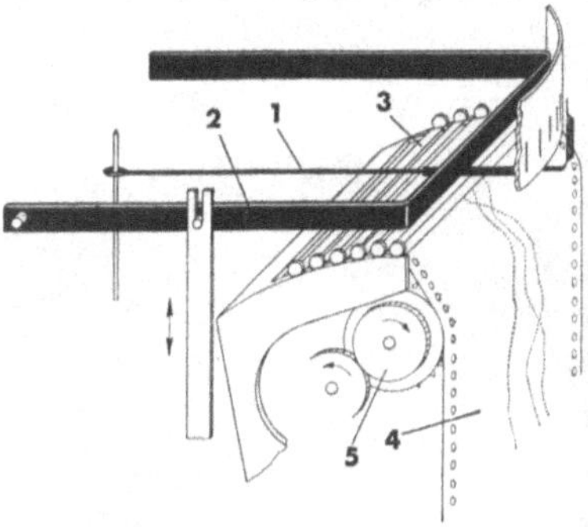

Bild 11.3. Schreibvorrichtung eines Sechs-Farben-Punktschreibers *(Werkbild H & B)*. 1 Zeiger, 2 Fallbügel, 3 Farbbänder, 4 Registrierpapier, 5 Antriebswalze

gleichzeitig mehrere Vorgänge (bis zu 12) in verschiedenen Farben aufzeichnen kann. Ein Uhrwerk oder ein kleiner Synchronmotor betätigt dann alle 10 oder 20 s den Fallbügel, schaltet das Meßwerk zyklisch auf die verschiedenen Meßstellen um und wechselt dabei jeweils das Farbband. Als Meßwerk verwendet man dazu hochempfindliche Drehspulsysteme, meist mit Spannbandlagerung, die nur etwa 10 mV zum Vollausschlag benötigen, oder auch Kreuzspulmeßwerke.

Bild 11.4 zeigt als spezielle Ausführungsform einen Vielbereich-Punktschreiber von der Größe und Art eines handlichen Vielbereichinstruments. Hier wird auf Wachspapier aufgezeichnet, wobei der jeweils eingeschaltete Meßbereich automatisch mitregistriert wird.

11.3 Schnellschreiber

Die in diesem Abschnitt aufgeführten schnellschreibenden Registrierinstrumente könnten ebenso gut auch unter die Oszillographen eingereiht werden. Es wurde jedoch die bei den betreffenden Herstellerfirmen übliche Bezeichnung „Schreiber“ übernommen und eine dementsprechende Unterteilung gewählt.

Zur Aufzeichnung von Wechselstromkurven und anderen schnellen Vorgängen sind die üblichen Schreibertypen wegen ihrer zu großen Trägheit nicht brauchbar. Hierfür sind sowohl

Bild 11.4. Vielbereich-Kleinschreiber „Multiscript“ *(Werkbild Goerz)*

besondere Aufzeichnungsverfahren erforderlich als auch besondere Meßwerke, deren bewegliches Organ extrem leicht und trägheitsarm ist. Seine Eigenfrequenz muß höher sein als die höchste zu registrierende Frequenz, wenn der Kurvenverlauf in allen Einzelheiten wirklichkeitsgetreu wiedergegeben werden soll. Grundsätzlich ist das mit Nadel- oder Drehmagnetmeßwerken ähnlich denen der Nadel-Vibrationsgalvanometer (S. 106) zu erreichen, doch sind Meßwerke nach dem Drehspulprinzip gebräuchlicher. Sie schreiben entweder mit einem Tintenstrahl auf Schreibpapier oder mit einem Lichtstrahl auf photographisches Papier.

Der Düsenschreiber oder *Tintenstrahlschreiber* hat als Schreiborgan eine äußerst feine Glasdüse von nur 10 µm Durchmesser, aus der unter hohem Druck ein feiner Tintenstrahl auf das im Abstand von einigen Zentimetern ablaufende Papierband gespritzt wird. Die Glaskapillare mit der rechtwinklig zum Papier hin abgebogenen Düse ist an dem beweglichen Organ des Meßwerks befestigt (Bild 11.5). Dieses wird von einer bifilaren Drahtschleife gebildet, die zwischen den Polen eines kräftigen Magnets

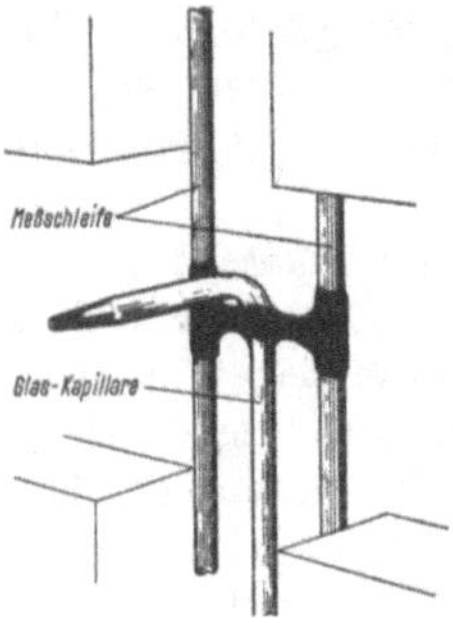

Bild 11.5. Prinzip d. Düsenschreiber-Meßwerks *(Werkbild Siemens)*

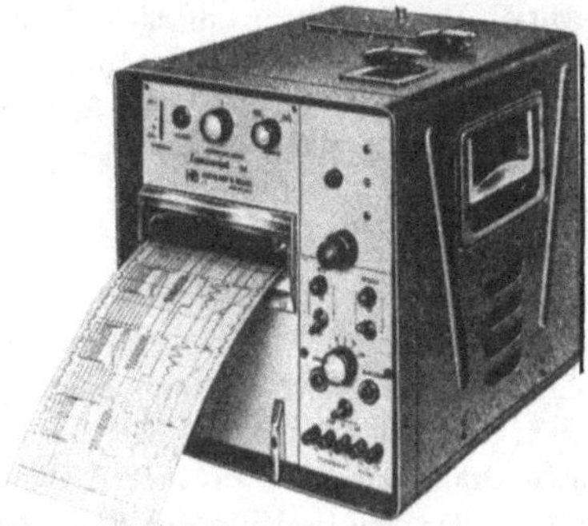

Bild 11.6. Lichtpunkt-Linienschreiber „Lumiscript" für 150 mm Schreibbreite *(Werkbild H & B)*

gespannt gehalten ist, ähnlich wie bei dem Schleifenschwinger der Lichtstrahloszillographen (Bild 11.9). Bei Stromdurchgang dreht sich die Schleife unter der Wirkung des magnetischen Feldes und lenkt die Düse mit dem Tintenstrahl aus. Da die „Drehspule" hier nur eine einzige Windung hat, ist die Empfindlichkeit nicht groß: für Vollausschlag wird immerhin ein Strom von 0,3 A benötigt.

Die Tinte wird aus dem Vorratsbehälter über ein Filter zur Düse gepumpt, wobei der Druck von 15 auf 45 at gesteigert werden kann, um auch bei hoher Schreibgeschwindigkeit einen genügenden Flüssigkeitsauftrag zu erhalten. Mit Schreibern dieser Art lassen sich Schwingungen bis etwa 1 kHz aufzeichnen. Dabei kommt dann bei höchster Papiergeschwindigkeit (2 m/s) auf jede Halbschwingung ein Papiervorschub von nur 1 mm. Düsenschreiber für Mehrfachregistrierung enthalten mehrere Meßwerke nebeneinander.

Eine andere Ausführungsart, der *Lichtpunkt-Linienschreiber* (Bild 11.6), benutzt zur Aufzeichnung den Lichtstrahl einer Quecksilberdampf-Hochdrucklampe mit starkem UV-Licht-Anteil. Der Strahl wird durch eine Sammellinse so konzentriert, daß er als äußerst heller Lichtpunkt auf dem photographischen Registrierpapier auftrifft. Die Schreibspur ist direkt sichtbar, das gegen Tageslicht relativ unempfindliche Papier braucht daher nicht entwickelt zu werden.

Das Meßwerk ist eine Miniaturausführung des Drehspul-Spiegelgalvanometers. Zwischen die Pole des Dauermagnets wird ein enges Röhrchen mit dem beweglichen Organ eingesetzt. Dieses besteht aus einem von Spannbändern gehaltenen länglichen Spulchen von nur etwa 1 mm Breite mit vielen Windungen dünnsten Drahtes (Spulenschwinger). Darauf ist das Spiegelchen gekittet, das bei Drehung der Spule den 300 mm langen Lichtzeiger auslenkt. Mit solchen Systemen können Schwingungen

Bild 11.7. Magnetblock für 25 Spulenschwinger zum Lichtpunkt-Linienschreiber *(Werkbild H & B)*

bis zu 3 kHz aufgezeichnet werden, wobei eine Schreibgeschwindigkeit in der Größenordnung von 1 km/s erreicht wird.

Wie beim Düsenschreiber besorgt ein kleiner Synchronmotor den Papiervorschub, der sich zwischen 1 mm/s und 2 m/s verändern läßt. In einem entsprechend geformten Magnetblock (Bild 11.7) können mehrere Einsätze — bei manchen Ausführungen bis zu 25 oder gar 50 — nebeneinander angeordnet sein, um verschiedene Vorgänge gleichzeitig aufzuzeichnen. Die Einsätze sind auswechselbar und werden den jeweiligen Meßbedingungen angepaßt; denn je höher ihre Eigenfrequenz, um so geringer ist ihre Empfindlichkeit und umgekehrt.

11.4 Lichtstrahloszillographen

Prinzip und Wirkungsweise der Lichtstrahloszillographen [14] sind ganz ähnlich denen der vorher beschriebenen Lichtpunkt-Linienschreiber. Die Aufzeichnung ist durchweg photographisch, teils mit Glühlampenlicht auf naß zu entwickelndem Photopapier, teils mit UV-haltigem Licht einer Quecksilberdampflampe in Direktschrift auf besonders sensibilisiertem Papier. Manche Geräte sind wechselweise für beide Registrierarten eingerichtet. Die Meßwerke sind kleine Spiegelgalvanometersysteme, die als steckbare Einsätze ausgeführt werden. Anfänglich baute man sie nur als Schleifenschwinger-Meßwerke (daher die frühere Bezeichnung „Schleifenoszillograph"), erst später kamen dann die Spulenschwinger auf. Heute sind beide Arten gebräuchlich (Bild 11.8). Der Größenunterschied erklärt sich dadurch, daß beim Schleifenschwinger das Magnetsystem mit in das Einsatzrohr eingebaut ist, während die Spulenschwinger in die Polbohrungen der feststehenden Magnete eingesetzt werden. Im allgemeinen sehen die Oszillographen, unabhängig vom Schwingertyp, mehrere Einsätze (z. B. 6, 12 oder 24) in einer Reihe nebeneinander vor.

Den Aufbau des Schleifenschwinger-Meßwerks zeigt Bild 11.9. Zwischen den zugespitzten Polschuhen des Magnetsystems ist das bewegliche Organ angeordnet: eine kleine bifilare Schleife aus dünnem Bronzeband, die durch eine Feder gespannt gehalten wird und das Spiegelchen trägt. Solche Systeme lassen sich mit einer Eigenfrequenz bis 20 kHz bauen, so daß — je nach den Anforderungen an die Wiedergabegenauigkeit — Schwingungen bis zu 15 kHz aufgezeichnet werden können. Da das bewegliche Organ nur eine einzige Windung hat, wirkt sich die bei allen Galvanometern vorhandene Dämpfung durch den äußeren Schließungskreis (S. 34) hier nicht aus. Man setzt deshalb das System unter Öl und stimmt damit den Dämpfungsgrad auf den

Bild 11.8. Schleifenschwinger und Spulenschwinger *(Werkbild Siemens)*

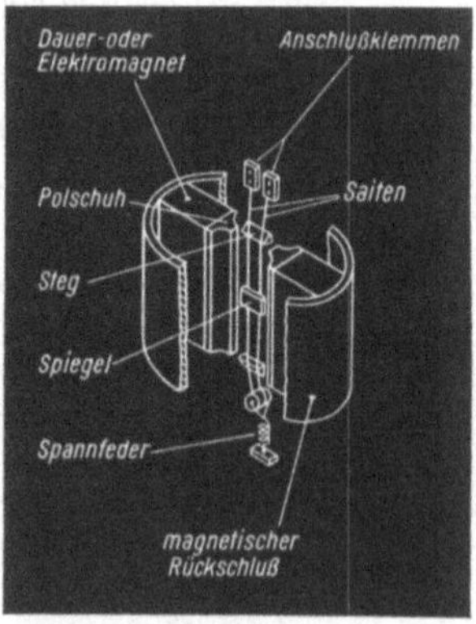

Bild 11.9. Meßwerk des Schleifenschwingers *(Werkbild Siemens)*

für gute Wiedergabe günstigsten Wert 0,7 ab. Die bereits auf S. 116 beschriebenen Spulenschwinger dagegen werden erst für Frequenzen oberhalb 500 Hz mit Öl gefüllt. Darunter ist infolge der hohen Windungszahl die elektrodynamische Dämpfung durch den Schließungskreis im allgemeinen ausreichend. Entsprechend ist auch die Empfindlichkeit weitaus höher als die der Schleifenschwinger, so daß viele Vorgänge ohne Verstärkung aufgezeichnet werden können.

Die Papiergeschwindigkeit läßt sich in weiten Grenzen ändern und den jeweils vorliegenden Meßaufgaben anpassen. Im Dauerbetrieb, beispielsweise für Überwachungszwecke, wählt man den langsamsten Ablauf (weniger als 1 mm/s), um in 24 Stunden mit dem Vorrat einer Papierrolle auszukommen. Zur Aufzeichnung schnellerer Vorgänge kann man, um eine genügende Bildauflösung zu erreichen, die Papiergeschwindigkeit bis auf 2,5 m/s steigern. Als Zeitmaßstab werden vielfach durch eine besondere Vorrichtung Zeitmarken automatisch mitregistriert, andernfalls muß man noch eine Schwingung bekannter Frequenz, z. B. die Netzspannung, mit aufzeichnen.

In den Fällen, wo das Oszillogramm vielleicht nur einmal betrachtet und dann verworfen oder in den Akten abgelegt wird, wird man auf die Naßentwicklung verzichten und die sofort sichtbare Direktschrift vorziehen. Dagegen liefern die normalen Bromsilberpapiere lichtbeständige, kontrastreichere Oszillogramme und kommen mit kürzeren Belichtungszeiten aus, müssen jedoch im Oszillographen unter Lichtabschluß gehandhabt und dann in der Dunkelkammer oder im Entwicklungsautomat entwickelt und fixiert werden.

Einmalige kurze Vorgänge werden mit Oszillographen aufgenommen, die statt der üblichen Ablauf- und Aufspulkassetten eine Trommelkassette haben. Diese enthält eine rotierende Trommel, auf die ein Streifen photographischen Papiers aufgespannt ist. Der Belichtungsvorgang wird dann von dem elektrischen Vorgang gesteuert, oder umgekehrt wird der elektrische Vorgang vom Papierablauf ausgelöst. Der Vorteil dieser Registrierart besteht darin, daß bei sparsamstem Papierverbrauch eine sehr hohe Papiergeschwindigkeit (bis 80 m/s) erreichbar ist.

Das Prinzip eines derartigen Oszillographen ist in Bild 11.10 schematisch dargestellt. Darin ist der Weg des Lichtstrahls von der Lampe über den Meßwerkspiegel bis zur Aufzeichnungsstelle zu erkennen, wo er als Lichtpunkt auftrifft. Das Bild zeigt ferner die Einrichtung zur visuellen Beobachtung des Kurvenverlaufs, mit der alle Lichtstrahloszillographen ausgerüstet sind. Dazu wird ein kleiner Teil des Lichtstrahls durch Prismen und Spiegel abgezweigt und über einen Polygonspiegel zum Beobachtungsfenster geführt. Bei stillstehendem Spiegel sieht man die Schwingungen des Lichtpunktes als Lichtstrich, und durch die Drehung der Spiegeltrommel wird dieser Strich zu einem Kurvenzug auseinandergezogen. Periodische Vorgänge ergeben dann bei synchroner Spiegelrotation ein stehendes Bild.

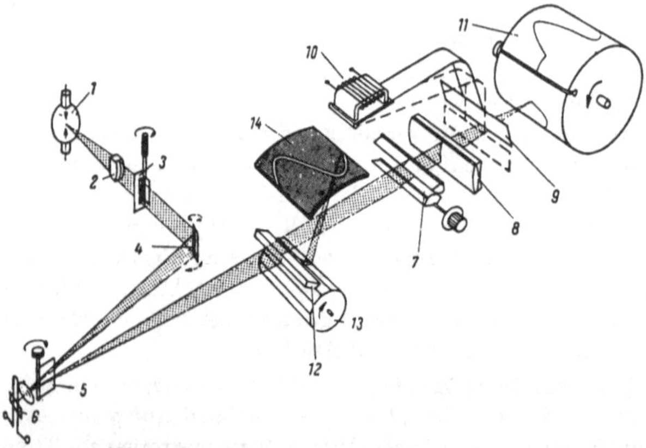

Bild 11.10. Schema des Strahlengangs eines Lichtstrahloszillographen *(Werkbild Siemens)*. 1 Lampe, 2 Kondensor, 3 Spaltblende, 4 Einstellspiegel, 5 Drehblende, 6 Schwinger, 7 Schlitzblende, 8 Zylinderlinse, 9 Verschlußblende, 10 Verschlußmagnet, 11 Registrierpapier, 12 Linsenprisma, 13 Polygonspiegel, 14 Mattscheibe

12 Meßwandler

12.1 Allgemeines

Meßwandler haben eine zweifache Aufgabe: zum ersten sollen sie die zu messenden, meist großen Wechselströme und Wechselspannungen in bequem meßbare Werte umwandeln, zum andern sollen sie in Hochspannungsanlagen die Meßinstrumente von der Hochspannung isolieren und eine gefahrlose Bedienung ermöglichen. Meßwandler sind Transformatoren mit Primär- und Sekundärwicklung, ihre Leistung ist relativ gering, da sie lediglich den Leistungsbedarf der angeschlossenen Instrumente zu übertragen haben. Das sind nicht nur Strom- und Spannungsmesser, sondern vielfach auch Leistungsmesser, Zähler, Relais, Regel-

und Schutzeinrichtungen. Je nach ihrer Aufgabe unterscheidet man Strom- und Spannungswandler [9, 10, 12].

Die vielfältigen Eigenschaften und Daten der Meßwandler sind vom VDE in den „Regeln für Meßwandler“ definiert und durch Gütevorschriften festgelegt [23]. In ähnlicher Weise wie die Meßinstrumente sind hier die Wandler in verschiedene Genauigkeitsklassen von 0,1 bis 3 mit entsprechenden Fehlergrenzen ($\pm 0{,}1$ bis $\pm 3\%$) eingeteilt. Sowohl die primären als auch die sekundären Wicklungen werden für genormte Nennströme bzw. Nennspannungen ausgelegt. Das Verhältnis der primären zur sekundären Nenngröße wird als Nennübersetzung K_N des Wandlers bezeichnet:

bei Stromwandlern $K_N = I_{1N} : I_{2N}$, (42)

bei Spannungswandlern $K_N = U_{1N} : U_{2N}$. (43)

Außerdem kennzeichnet man die Wandler nach ihrer Reihenspannung, das ist diejenige genormte Spannung, für welche die Isolation bemessen ist. So ist z. B. ein Wandler der Reihe 10 isoliert für den Betrieb in 10-kV-Anlagen. In dem Neuentwurf „Bestimmungen für Meßwandler“ [23] ist in Angleichung an internationale Empfehlungen als Kenngröße an Stelle der Reihenspannung die „höchste dauernd zulässige Betriebsspannung“ vorgesehen. Weitere Kenndaten für den Wandler sind seine Leistung, die je nach Art und Zahl der anzuschließenden Instrumente und sonstigen Einrichtungen von 5 VA bis zu einigen hundert Voltampere betragen kann, sowie seine Überlastbarkeit, die gegeben ist durch die elektrische, thermische und mechanische Festigkeit gegenüber hohen Überspannungen (Blitzschlag) oder starken Stromstößen (Kurzschluß). Hinsichtlich der konstruktiven Gestaltung der Wandler ist zu unterscheiden zwischen Freiluft- und Innenraumausführungen.

12.2 Grundsätzlicher Aufbau

Hauptbestandteile eines Wandlers sind der Eisenkern, Primär- und Sekundärwicklung und die Isolierung. Der Kern besteht aus 0,1···0,5 mm starken silicierten Eisenblechen, bei Stromwandlern vielfach aus kornorientierten Blechen oder — insbesondere bei Präzisionswandlern — aus Nickeleisenlegierungen hoher Anfangspermeabilität. Auch Mischkerne aus verschiedenen Materialien sind üblich. Je nach Größe und Ausführung des Wandlers wendet man verschiedene Kernformen an: rahmenförmige Schenkelkerne, dreischenklige Mantelkerne mit den Wicklungen auf dem Mittelschenkel oder Ringkerne, die aus ringförmigen Blechen geschichtet oder aus Band gewickelt sind und, da sie keine Stoßfugen haben, praktisch streuungsfrei sind und eine volle Ausnutzung der guten magnetischen Materialeigenschaften gestatten.

Die Sekundärwicklungen werden meist auf besondere Spulenkörper aufgebracht, in die die Blechschnitte dann eingeschachtelt werden müssen. Bei Ringkernen wird die Wicklung direkt auf den isolierten Kern gewickelt und darüber mit genügender Zwischenisolation die Primärwicklung. Stromwandler für hohe primäre Nennstromstärken haben als Primärwicklung nur einen Stab oder eine Schiene konzentrisch zum Eisenkern (Stab- oder Einleiterwandler).

Die Wicklungen müssen sowohl gegeneinander als auch gegen Eisenkern und Gehäuse ausreichend isoliert sein. Als Isolationsmaterial dient Papier, zum Teil auch Kunststoffolie, Öl und Porzellan. Abgesehen jedoch von den Wandlern für höchste Betriebsspannungen wurden die meisten der früheren Konstruktionen in neuerer Zeit durch moderne Gießharzausführungen abgelöst. Hierfür verwendet man ein geeignetes Kunstharz, z.B. ein Epoxidharz, dem bei erhöhter Temperatur Füllstoffe und — kurz vor dem Gießen — ein Härter beigemischt werden. Beim Vollverguß wird der vorbereitete Kern mit den Wicklungen, beim Teilverguß nur die Hochspannungswicklung in eine Gießform eingesetzt und unter Vakuum mit dieser Gießmasse getränkt und umgossen. Die Masse erhärtet und bildet dann zusammen mit den aktiven Wandlerteilen einen kompakten Körper von hoher elektrischer und mechanischer Festigkeit, der ein besonderes Gehäuse und zumeist auch die früher benötigten Porzellanisolatoren entbehrlich macht.

12.3 Stromwandler

Der zu messende Wechselstrom I_1 wird durch die Primärwicklung des Stromwandlers geleitet und der Strommesser an die Sekundärwicklung angeschlossen (Bild 12.1). In Hochspannungsanlagen wird außerdem ein Punkt der Sekundärwicklung und das Gehäuse aus Sicherheitsgründen geerdet.

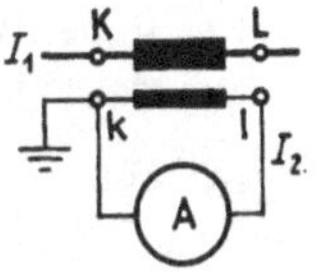

Bild 12.1. Schaltung eines Stromwandlers. K–L primäre, k–l sekundäre Anschlußklemmen

Der zur Erregung des Kerns erforderliche Magnetisierungsstrom wird, da er einen Fehler verursacht, so klein wie möglich gehalten. Im Idealfall, nämlich beim Magnetisierungsstrom Null, ist die primäre Durchflutung gleich der sekundären:

$$I_1 N_1 = I_2 N_2. \tag{44}$$

Die Ströme verhalten sich somit umgekehrt wie die Windungszahlen, und der vom Instrument angezeigte Strom I_2 ist proportional dem zu messenden Strom I_1:

$$I_2 = \frac{N_1}{N_2} \cdot I_1. \tag{45}$$

In Wirklichkeit ist dieser Idealfall jedoch nicht gegeben; denn der Stromwandler ist durch die Bürde, d. h. den Scheinwiderstand Z der Instrumente und ihrer Zuleitungen belastet und benötigt daher einen gewissen Magnetisierungsstrom zur Erzeugung der erforderlichen Sekundärspannung.

Im Zeigerdiagramm Bild 12.2 sind die Verhältnisse für eine Nennübersetzung 1 : 1 stark übertrieben dargestellt. Die prozentuale Abweichung des Sekundärstroms von seinem Sollwert wird als Stromfehler und der Phasenwinkel zwischen beiden Strömen als Fehlwinkel bezeichnet. Der Stromfehler in Prozent ist

$$F_{\mathrm{i}} = \frac{K_{\mathrm{N}}\, I_2 - I_1}{I_1} \cdot 100\,, \tag{46}$$

er wird positiv gerechnet, wenn I_2 größer als der Sollwert ist. Der Fehlwinkel δ_{i} wird in Winkelminuten angegeben und positiv gerechnet, wenn die sekundäre Größe der primären voreilt.

Der Stromfehler wird schon bei der Fabrikation durch Wahl der sekundären Windungszahl bis auf einen unvermeidlichen

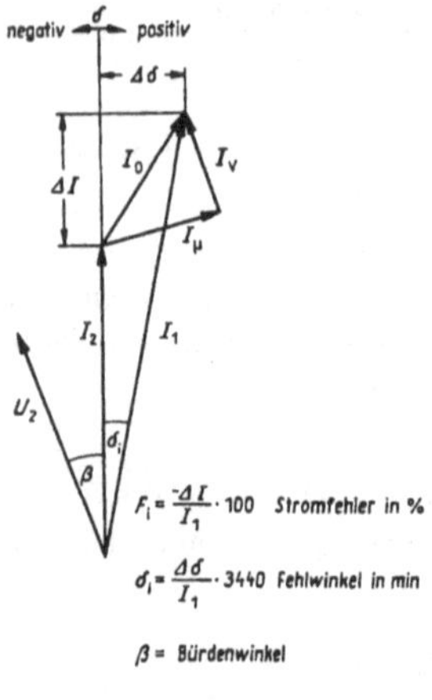

Bild 12.2. Zeigerdiagramm des Stromwandlers

Rest korrigiert. Er darf beispielsweise für einen Wandler der Klasse 0,5 bei Nennstrom bis zu 0,5% betragen, bei ein Zehntel des Nennstroms 1%; dabei ist ein Fehlwinkel von maximal 30 bzw. 60 Winkelminuten zulässig. Letzterer ist für den angeschlossenen Strommesser ohne Belang, er interessiert nur für den Fall, daß der Strompfad eines Leistungsmessers oder eines Zählers angeschlossen wird, wobei es nicht nur auf den Betrag, sondern auch auf die Phasenlage von Strom und Spannung ankommt.

Wieviel Instrumente und sonstige Einrichtungen einschließlich ihrer Zuleitungen hintereinander in den Sekundärkreis geschaltet werden dürfen, d. h. wie groß die Bürde des Wandlers insgesamt sein darf, hängt von seiner Nennleistung ab. Diese ist gleich der Nennbürde mal dem Quadrat des sekundären Nennstroms und gibt an, welche Leistung dem Wandler bei Nennstrom sekundär entnommen werden kann, ohne daß die Fehlergrenzen seiner Klasse überschritten werden.

Beispiel:

Nennleistung $Z_N \cdot (I_{2N})^2 = 10\,\text{VA}$
sekundärer Nennstrom $I_{2N} = 5\,\text{A}$
Nennbürde $Z_N = 10\,\text{VA}/(5\,\text{A})^2 = 0{,}4\,\Omega$.

Häufig werden Wandler mit zwei oder mehreren Kernen versehen, die alle eine gemeinsame Primärwicklung, aber eigene Sekundärwicklungen haben. Dabei sind die Kernwerkstoffe und ihre magnetischen Eigenschaften den verschiedenartigen Aufgaben angepaßt. So kann ein Kern zum Anschluß von Betriebs- und Überwachungsinstrumenten bestimmt sein, ein zweiter für Schutzeinrichtungen, und ein dritter dient zum Anschluß von Zählern für Verrechnungszwecke.

Die Stromwandler werden nach den VDE-Regeln nur für bestimmte Nennströme gebaut: primär für 5, 10, 15 $\cdots$ 75000 A, sekundär normalerweise für 5 A und nur in Ausnahmefällen, nämlich bei langen Sekundärleitungen, für 1 A. Durch Unterteilen der Primärwicklung lassen sich zwei umschaltbare Strombereiche im Verhältnis 1 : 2 oder drei im Verhältnis 1 : 2 : 4 herstellen. Stromwandler können bei Nennbürde dauernd mit dem 1,2fachen Nennstrom betrieben werden, sogenannte Großbereichwandler, die durch ein G hinter dem Klassenzeichen gekennzeichnet sind, sogar bis zum doppelten Nennstrom.

Nimmt man die angeschlossene Bürde und damit die sekundäre Durchflutung weg, so steigt der Fluß sehr stark an, weil statt der relativ kleinen resultierenden Durchflutung nun die gesamte Primärdurchflutung auf das Eisen wirkt. Die Folge ist eine hohe Sekundärspannung, die sowohl für den Menschen als auch für den Wandler gefährlich ist. Stromwandler dürfen also sekundärseitig nicht geöffnet werden, vor dem Abschalten des Meßinstruments sind die Sekundärklemmen stets kurzzuschließen.

Für Niederspannungsanlagen verwendet man im allgemeinen trockenisolierte Wandler mit oder ohne Isolierstoffgehäuse. Sie sind entweder mit Primäranschlüssen versehen, wie die Ausführung in Bild 12.3 zeigt, oder mit einer zentralen Öffnung zum Aufstecken auf den Primärleiter. Die äußere Gestalt der Stromwandler ist sehr vielfältig, zumal bei den früheren Kon-

Bild 12.3. Kleinstromwandler 150/5 A in Preßstoffgehäuse *(Werkbild AEG)*

Bild 12.4. Gießharz-Stützerstromwandler 600/5 A *(Werkbild AEG)*

struktionen, die noch ein besonderes Gehäuse erforderten, wie z. B. einen mit Masse oder mit Öl gefüllten Eisentopf oder Porzellankörper für die Wandler der mittleren und hohen Spannungsreihen. Diese Typen wurden inzwischen weitgehend durch Gießharzausführungen verdrängt; denn man ist heute in der Lage, Wandler zumindest für Innenraumaufstellung bis hinauf zu den höchsten Spannungen in der neuen Gießharztechnik betriebssicher und wirtschaftlich zu bauen. Bild 12.4 zeigt als Beispiel einen Gießharz-Stromwandler 600/5 A der Reihe 10,

Bild 12.5 einen Einleiter-Durchführungswandler der Reihe 30 für primäre Nennströme bis 2000 A.

Für Höchstspannungsanlagen sind Kopfstromwandler mit Ölisolierung weit verbreitet. Dabei trägt ein nach der Höhe der

Bild 12.5. Gießharz-isolierter Durchführungs-Stromwandler *(Werkbild AEG)*

Spannung bemessener Porzellanstützer ein ölgefülltes Metallgehäuse, das den aktiven Wandlerteil mit den Primäranschlüssen enthält. Dagegen ist in Bild 12.6 eine entsprechende Gießharzausführung dargestellt, deren gießharzisolierter Kopf bei den Freiluftwandlern von einem Porzellanisolator getragen wird,

Bild 12.6. 110-kV-Freiluft-Stromwandler mit Gießharzisolation *(Werkbild AEG)*

Bild 12.7. Vielbereich-Stromwandler mit umschaltbaren Nennübersetzungen *(Werkbild Gossen)*

während bei den Stromwandlern für Innenraumaufstellung auch der Stützer aus Gießharz gefertigt wird. Im Fuß befinden sich dann jeweils die sekundären Wandleranschlüsse.

Tragbare Stromwandler für Laboratoriums- und Prüffeldaufgaben werden als Ringkernwandler mit unterteilter Primärwicklung für mehrere umschaltbare Nennübersetzungen ausgeführt. Die Wicklungsanzapfungen werden entweder an besondere Klemmen geführt oder können, wie die Konstruktion in Bild 12.7 zeigt, wahlweise durch einen Drehschalter mit den Primärklemmen verbunden werden. Darüber hinaus besteht die Möglichkeit, den Primärleiter ein- oder mehrmals durch eine zentrale Öffnung hindurchzuführen und damit weitere Nennübersetzungen für höhere Ströme, z. B. bis 800/5 A bei einer Windung, herzustellen.

12.4 Zangenwandler

Zur störungsfreien Messung und Kontrolle in Starkstromanlagen verwendet man mit Vorteil Zangenwandler und Anlegeinstrumente, die ein Auftrennen der Leitung und eine Unterbrechung des Betriebs ersparen. Sie sind mit einem zweckmäßig geformten zweiteiligen Elektroblechkern versehen, der sich zangenartig aufklappen läßt, um den stromführenden Leiter zu umfassen und induktiv anzukoppeln. Die Zangenschenkel sind durch einen Kunststoffüberzug isoliert, und das Preßstoffgehäuse hat keine berührbaren Metallteile, so daß auch in spannungführenden Anlagen ein gefahrloses Arbeiten möglich ist.

Die Primärwicklung des Zangenwandlers wird durch den umfaßten Leiter gebildet; die Sekundärwicklung ist im Gehäuseinnern auf dem Querstück des Kerns aufgebracht und wird über besondere Zuleitungen mit einem getrennten Anzeigeinstrument verbunden. Etwaige Überspannungen, die bei einer zufälligen Unterbrechung des sekundären Stromkreises auftreten könnten, lassen sich durch eingebaute Sicherheitsvorrichtungen begrenzen. Zangenwandler werden im allgemeinen für Primärströme bis maximal 1000 A ausgelegt bei einem festen Übersetzungsverhältnis von beispielsweise 1000 : 1, so daß das Instrument in seinen Milliamperebereichen direkt die durch die Zangenöffnung fließenden Ampere angibt.

Vielfach wird das Anzeigeinstrument, z. B. ein Gleichrichtermeßwerk mit Nebenwiderständen für mehrere umschaltbare Meßbereiche, gleich in das Gehäuse eingebaut. Das hat neben der bequemeren Handhabung den Vorteil, daß die Wandlerfehler mit in das Instrument eingeeicht werden können, wodurch eine höhere Gesamtgenauigkeit (Klasse 2,5) erzielbar ist. Bild 12.8 zeigt ein derartiges Anlegeinstrument, einen Zangen-

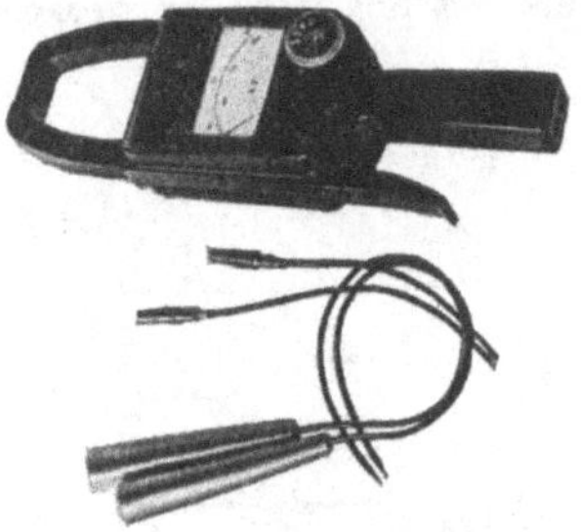

Bild 12.8. Zangenstrommesser mit Gleichrichter-Anzeigeinstrument und Zuleitungen für Spannungsmessungen *(Werkbild AEG)*

strommesser, mit dem Meßbereichwähler. Das Meßwerk hat in diesem Fall eine kräftige Spannbandlagerung, die auch unter robusten Betriebsverhältnissen reibungsfrei arbeiten muß und Ablesungen in jeder Gebrauchslage erlaubt. Das Instrument läßt sich — ohne den Stromwandler — zugleich auch zur Messung von Spannungen bis 600 V verwenden. Diese werden dann über die abgebildeten Zuleitungen und über eingebaute Vorwiderstände dem Meßwerk zugeführt.

12.5 Gleichstromwandler

Die Messung sehr hoher Gleichströme über Nebenwiderstände bietet, abgesehen von dem erheblichen Leistungsbedarf, gewisse Schwierigkeiten. Deshalb bevorzugt man in solchen Fällen Gleichstromwandler, die für Primärströme bis zu 200 kA hergestellt werden. Sie enthalten zwei Transduktordrosseln mit möglichst rechtwinkliger Magnetisierungskennlinie, die durch den zu messenden Gleichstrom I_1 bis zur Sättigung vormagnetisiert werden. Ihre gegensinnig in Reihe geschalteten Sekundärwicklungen werden an eine konstante Wechselspannung angeschlossen (Bild 12.9). Durch den Wechselstrom wird nun abwechselnd in der einen Drossel die Durchflutung erhöht, in der anderen verringert. Die Höhe der Wechselspannung ist bei einem idealen Magnetwerkstoff ohne Einfluß auf den Sekundärstrom, die Spannungsquelle muß jedoch so ergiebig sein, daß sie den hohen Blindleistungsbedarf des Wandlers mit Sicherheit zu decken

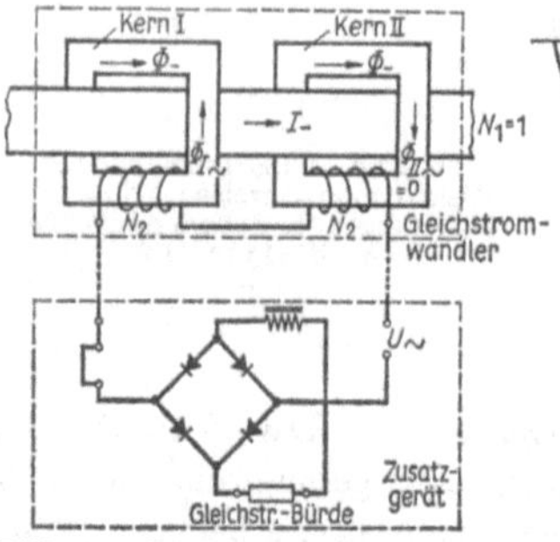

Bild 12.9. Schaltung eines Gleichstromwandlers

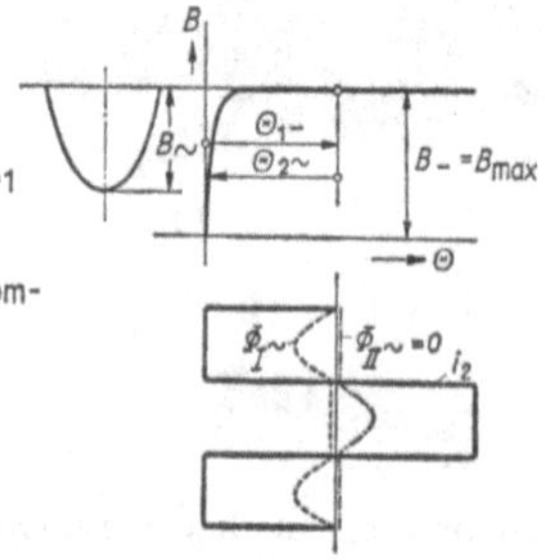

Bild 12.10. Kompensation zwischen Gleich- und Wechselstromdurchflutung des Gleichstromwandlers

vermag. Bei vollständiger Kompensation der Gleichstromdurchflutung durch die Wechselstromdurchflutung ergibt sich ein praktisch rechteckförmiger Wechselstrom I_2 (Bild 12.10), der proportional dem zu messenden Gleichstrom I_1 ist:

$$I_2 = \frac{N_1}{N_2} \cdot I_1 \qquad (47)$$

Nach Gleichrichtung wird I_2 dann mit einem Gleichstrominstrument gemessen. Nach dem gleichen Prinzip lassen sich auch Spannungswandler herstellen, sie sind jedoch nicht gebräuchlich.

Gleichstromwandler unterscheiden sich nur unwesentlich von den Bauformen der Wechselstromwandler. Hinsichtlich ihrer Genauigkeit entsprechen sie der Klasse 1 oder 0,5, bei sehr hohen Primärströmen auch der Klasse 0,2. Bild 12.11 zeigt einen gieß-

Bild 12.11. Gießharz-isolierter Gleichstromwandler 4000/5 A *(Werkbild AEG)*

harzisolierten Ringstromwandler in der Ausführung, wie sie für primäre Nennströme bis 10 kA üblich ist. Für höhere Nennströme benutzt man Umbauwandler, deren rechteckiger Eisenkern mit den Sekundärspulen um eine bereits vorhandene Primärleitung herumgelegt und dann geschlossen wird.

12.6 Spannungswandler

Der Spannungswandler ist ein vielverwendetes Mittel zur Meßbereicherweiterung von Wechselspannungsmessern und zur gefahrlosen Messung beliebig hoher Spannungen. Seine grundsätzliche Schaltung ist in Bild 12.12 wiedergegeben. Danach wird

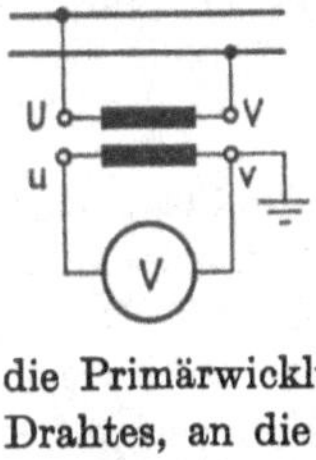

Bild 12.12. Schaltung eines Spannungswandlers U–V primäre, u–v sekundäre Anschlußklemmen

die Primärwicklung, bestehend aus vielen Windungen dünnen Drahtes, an die zu messende Wechselspannung U_1 gelegt und der Spannungsmesser an die Sekundärwicklung angeschlossen.

Bei der Messung hoher Spannungen wird auch hier wieder aus Sicherheitsgründen ein geeigneter Punkt des sekundären Stromkreises und das Gehäuse geerdet.

Da das Meßinstrument nur einen geringen Eigenverbrauch hat, kann man den Spannungswandler näherungsweise als einen unbelasteten Transformator ansehen. Im Gegensatz zum Stromwandler darf er niemals kurzgeschlossen werden, weil er sonst zerstört würde. Im Idealfall, bei Leerlauf, verhalten sich Primär- und Sekundärspannung zueinander wie die Windungszahlen:

$$U_1 : U_2 = N_1 : N_2. \qquad (48)$$

Die vom Instrument angezeigte Spannung U_2 ist daher proportional der zu messenden Spannung U_1:

$$U_2 = \frac{N_2}{N_1} \cdot U_1. \qquad (49)$$

Die an die Sekundärwicklung in Parallelschaltung angeschlossenen Instrumente, Spannungspfade von Leistungsmessern, Zählern, Relais und dergleichen bilden die Bürde, die bei Spannungswandlern als Scheinleitwert Y angegeben wird. Sie bewirkt zusammen mit den Eigenverlusten des Wandlers eine Abweichung vom Idealfall. Das Zeigerdiagramm in Bild 12.13 gibt die Verhältnisse für eine Nennübersetzung 1 : 1, der Anschaulichkeit halber übertrieben, wieder. Entsprechend den Definitionen für die Stromwandler bezeichnet man die prozentuale Abweichung der Sekundärspannung von ihrem Sollwert als Spannungsfehler:

$$F_{\mathrm{u}} = \frac{K_{\mathrm{N}} U_2 - U_1}{U_1} \cdot 100. \qquad (50)$$

Zu diesem kann sich noch ein Fehler infolge des Spannungsabfalls in den Zuleitungen der angeschlossenen Instrumente addieren, wenn der Leitungswiderstand gegenüber dem Instrumentenwiderstand merklich ins Gewicht fällt. Die Zuleitungen, insbesondere für die Spannungsspulen der Zähler, sind daher ausreichend zu bemessen. Der Fehlwinkel δ_{u}, der wiederum nur für Leistungsmesser und Zähler interessiert, ist der Phasenwinkel zwischen Primär- und Sekundärspannung. Diesen rechnet man bei einem fehlerfreien Wandler zu 0° und nicht zu 180°.

Bezüglich der Klassifizierung von Spannungswandlern und der zulässigen Fehler gilt Entsprechendes wie das im Abschnitt 12.3 für Stromwandler Gesagte. Die Belastbarkeit des Spannungs-

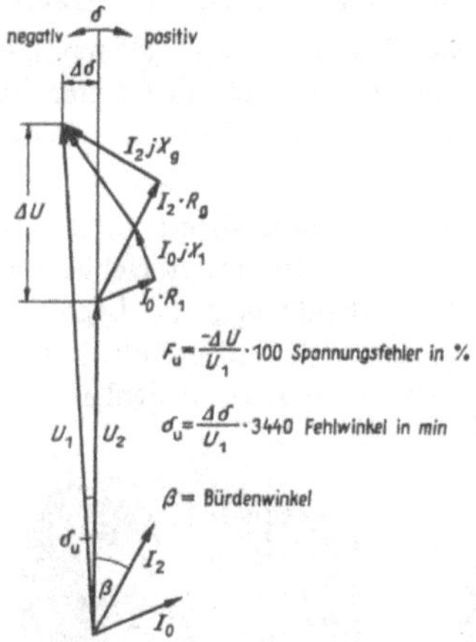

Bild 12.13. Zeigerdiagramm des Spannungswandlers

wandlers ist gegeben durch seine Nennleistung, bei der er die Fehlergrenzen seiner Klasse nicht überschreiten darf. Er kann zwar darüber hinaus bis zum angegebenen sekundären thermischen Grenzstrom belastet werden, dann jedoch mit größeren Fehlern. Die Nennleistung ist gleich der Nennbürde mal dem Quadrat der sekundären Nennspannung.

Beispiel:

Nennleistung $Y_N \cdot (U_{2N})^2 = 30$ VA
sekundäre Nennspannung $U_{2N} = 100$ V
Nennbürde $Y_N = 30\,\text{VA}/(100\,\text{V})^2 = 0{,}003$ S.

Spannungswandler werden sowohl einpolig als auch doppelpolig isoliert gebaut (Bild 12.14 und 12.15). Die einpolig isolierten

Erdungsspannungswandler sind mit einem Ende der Primärwicklung starr geerdet und dienen in Drehstromnetzen zum Anschluß zwischen Leiter und Erde. Ihre Klemmen werden mit U–X und u–x bezeichnet. In den VDE-Regeln sind für Spannungswandler genormte Nennspannungen vorgeschrieben: primär bis zu den höchsten praktisch vorkommenden Werten, sekundär einheitlich 100 V. Alle diese Normspannungswerte sind für einpolig isolierte Wandler durch $\sqrt{3}$ zu dividieren. Die Wandler können bei Nennbürde dauernd mit der 1,2fachen Nennspannung betrieben werden, ohne sich dabei unzulässig zu erwärmen.

Die Herstellungstechnik der Spannungswandler ist etwa die gleiche wie bei den Stromwandlern. Der Hauptunterschied besteht in der Primärwicklung, deren Windungen und Lagen — auch unter Berücksichtigung gelegentlich auftretender Überspannungen — ausreichend isoliert sein müssen. Schenkel- und

Bild 12.14. Zweipolig isolierter Gießharz-Spannungswandler 10000/100 V *(Werkbild AEG)*

Bild 12.15. Schnitt durch einen einpolig isolierten Gießharz-Spannungswandler *(Werkbild AEG)*. Nur die außenliegende Hochspannungswicklung ist Gießharz-isoliert (Teilverguß)

Mantelkerne aus silicierten, vielfach auch kornorientierten Eisenblechen werden mit versetzten Stoßfugen in die Wicklungen eingeschachtelt. Vielfach werden die Spannungswandler mit unterteilten, primär- oder sekundärseitig umschaltbaren Wicklungen für mehrere Meßbereiche ausgeführt.

Abgesehen von den Niederspannungswandlern in Preßstoffgehäuse oder ähnlichen Ausführungen, ist bei Wandlern für Innenräume bis zu 110 kV Betriebsspannung die Gießharztechnik vorherrschend. Als Beispiel zeigt Bild 12.14 einen zweipolig isolierten Gießharz-Spannungswandler der Reihe 10 und Bild 12.15 einen entsprechenden einpolig isolierten Wandler. Für Freiluftaufstellung verwendet man luftdicht abgeschlossene Ölwandler in hochwertigen Porzellanisolatoren. Sie ähneln dann im Aussehen den Stromwandlern der entsprechenden Reihe (Bild 12.6). Da die Isolatoren namentlich bei sehr hohen Spannungen einen erheblichen Kostenanteil ausmachen, vereinigt man zuweilen Strom- und Spannungswandler zu einer Baueinheit.

12.7 Kapazitive Spannungswandler

Neben den im Abschnitt 12.6 beschriebenen induktiven Spannungswandlern werden für Spannungen über 100 kV auch kapazitive Spannungswandler angewendet, die in diesem Bereich vor allem wirtschaftliche Vorteile bieten. Sie bestehen aus einem kapazitiven Spannungsteiler z. B. in einem luftdicht abgeschlossenen Porzellanisolator und dem Sockel, einem ölgefüllten Metallgehäuse, das die übrigen Bauelemente enthält (Bild 12.16). Am Unterspannungskondensator wird eine Teilspannung von 10 bis 30 kV abgegriffen, daher ist noch ein Zwischenwandler erforderlich, um diese Teilspannung auf die für Erdungsspannungswandler übliche Meßspannung von $100/\sqrt{3}$ V zu transformieren. Die Induktivitäten einer Resonanzdrossel und des Zwischenwandlers kompensieren bei Nennfrequenz den kapazitiven Widerstand des Teilers. Dadurch wird seine Lastabhängigkeit im wesentlichen behoben, so daß man der Anordnung die für die anzuschließenden Instrumente benötigten Leistungen entnehmen kann.

Für die kapazitiven Spannungswandler gelten ebenfalls die VDE-Regeln für Meßwandler, ihre Genauigkeit entspricht im allgemeinen der Klasse 0,5, zum Teil sogar der Klasse 0,2. Die Frequenz beeinflußt die Meßgenauigkeit am stärksten, da jede

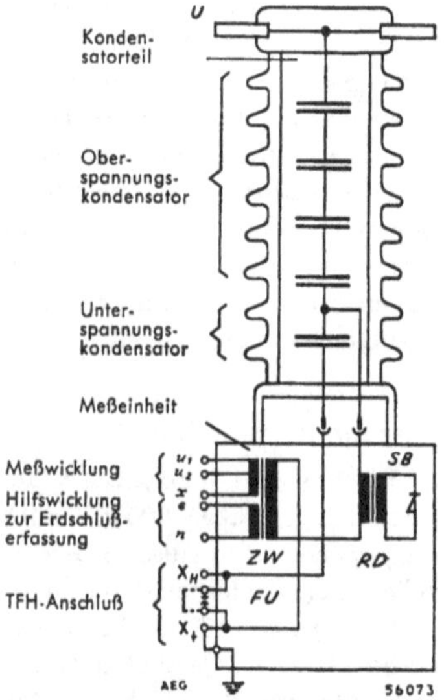

Bild 12.16. Schaltung eines kapazitiven Spannungswandlers (*Werkbild AEG*). ZW Zwischenwandler, RD Resonanzdrossel, SB Spannungsbegrenzung, FU Funkenstrecke

Abweichung vom Nennwert den Resonanzkreis verstimmt. Auch Temperaturunterschiede zwischen Oberspannungs- und Unterspannungskondensator bewirken einen Einfluß, den man aber durch konstruktive Maßnahmen und durch Anordnung beider Teile in einem gemeinsamen Porzellanisolator klein hält.

Der besondere Vorteil des kapazitiven Spannungswandlers, der wesentlich zu seiner Verbreitung beiträgt, besteht darin, daß sein Kondensator gleichzeitig zur Ankopplung von Trägerfrequenz-Nachrichtenlinien der Elektrizitätswerke benutzt werden kann. Entsprechende Anschlüsse sind in dem Sockel vorgesehen.

Verwendete Symbole und Einheiten

A	Fläche	cm^2, m^2
a	Abstand	cm, m
B	Magnetische Induktion	$G = 10^{-8}$ Vs/cm^2
C	Kapazität	pF, F
C_b	Ballistische Konstante eines Galvanometers	C/Skt
C_i	Stromkonstante eines Galvanometers	A/mm/m, A/Skt
D	Richtmoment	mp cm, J
E_i	Stromempfindlichkeit eines Galvanometers	mm/A m
F	Kraft	N
F_i	Stromfehler eines Wandlers	%
F_u	Spannungsfehler eines Wandlers	%
f	Frequenz	Hz
H	Magnetische Feldstärke	A/cm, A/m
I	Elektrische Stromstärke, speziell: Gleichstromwert, Effektivwert	A, mA, μA
$i_\sim$	Wechselstrom	A, mA
i	Augenblickswert des Wechselstroms	A, mA
$\hat{i}$	Scheitelwert des Wechselstroms	A, mA
I_D	Drehspulstrom	mA, μA
I_s	Strom im Spannungspfad	mA, μA
J	Trägheitsmoment	kg m^2
K_N	Nennübersetzung eines Wandlers	1
L	Induktivität	H
M	Moment, Drehmoment	mp cm $= 9{,}81 \cdot 10^{-8}$ J
N	Windungszahl	1
P	Leistung, Wirkleistung	W
Q	Blindleistung	var
Q	Ladung	C
R	Elektrischer Widerstand	Ω
R	Instrumentenwiderstand	Ω
R_n	Nebenwiderstand	Ω
R_v	Vorwiderstand	Ω

R_x	Unbekannter, zu messender Widerstand	Ω
r	Radius	cm, m
s	Weg, Skalenstrecke	cm, m
T	Periodendauer	s
t	Zeit	s
U	Spannung	V
U_H	Hilfsspannung	V
W_e	Elektrische Energie	J
W_m	Mechanische Arbeit	J
Y	Scheinleitwert	S
Z	Scheinwiderstand	Ω
α	Dämpfungsgrad	1
α	Temperaturkoeffizient	10^{-6}/grd
α	Ausschlagwinkel	° (Grad)
δ	Fehlwinkel eines Wandlers	Winkelminuten
ε_0	Influenzkonstante	F/cm, F/m
ϱ	Spezifischer Widerstand	Ω mm²/m
Φ	Magnetischer Fluß	Vs = Wb
φ	Phasenwinkel	° (Grad)
Ψ	Phasenwinkel	° (Grad)
ω	Kreisfrequenz	1/s

Literaturverzeichnis

Allgemeines

[1] Blamberg, E.: Elektrische Meßgeräte. Wissenschaftliche Verlagsanstalt Hannover und Wolfenbütteler Verlagsanstalt Wolfenbüttel 1948.

[2] Bubert, J.: Elektrische Meßgeräte. Wintersche Verlagshandlung, Füssen 1949.

[3] Langbein, R. — Werkmeister, G.: Elektrische Meßgeräte. Akademische Verlagsgesellschaft Geest & Portig, Leipzig 1959.

[4] Palm, A. — Hunsinger, W. — Münch, G.: Elektrische Meßgeräte und Meßeinrichtungen. Springer-Verlag, Berlin — Heidelberg — New York 1963.

[5] Pflier, P. M. — Jahn, H.: Elektrische Meßgeräte und Meßverfahren. Springer-Verlag, Berlin — Heidelberg — New York 1965.

[6] Stöckl, M. — Winterling, K. H.: Elektrische Meßtechnik. B. G. Teubner, Stuttgart 1968.

[7] AEG-Hilfsbuch, Handbuch der Elektrotechnik. AEG-Telefunken 1967.

[8] Archiv für technisches Messen. R. Oldenbourg, München.

Teilgebiete

[9] Bauer, R.: Die Meßwandler. Springer-Verlag, Berlin — Göttingen — Heidelberg 1953.

[10] Beetz, W.: Meßwandler. Friedr. Vieweg & Sohn, Braunschweig 1958.

[11] Eckhardt, G. — Kurdal, G.: Meßgleichrichter. G. Braun, Karlsruhe 1963.

[12] Goldstein, J.: Die Meßwandler. Verlag Birkhäuser, Basel 1952.

[13] Grave, H. F.: Gleichrichter-Meßtechnik. Akademische Verlagsgesellschaft Geest & Portig, Leipzig 1957.

[14] Härtel, W. — Degenhart, J. — Kübler. A. — Sörensen, Chr. — Tröger, J.: Lichtstrahl-Oszillographen. R. Oldenbourg, München 1961.

[15] Koppelmann, F.: Wechselstrommeßtechnik unter besonderer Berücksichtigung des mechanischen Präzisionsgleichrichters. Springer-Verlag, Berlin — Göttingen — Heidelberg 1956.

[16] Meyer, E. — Moerder, C.: Spiegelgalvanometer und Lichtzeigerinstrumente. Akademische Verlagsgesellschaft Geest & Portig, Leipzig 1957.

[17] Moerder, C.: Grundlagen der Drehspulinstrumente und verwandter Systeme. G. Braun, Karlsruhe 1960.

[18] Palm, A.: Elektrostatische Meßgeräte. G. Braun, Karlsruhe 1951.

[19] Palm, A. — Roth, H. — Schlosser, E.-G.: Registrierinstrumente. Springer-Verlag, Berlin — Göttingen — Heidelberg 1959.

[20] Schlosser, E.-G. — Winterling, K. H.: Galvanometer. G. Braun, Karlsruhe 1960.

[21] Moderne Geräte und Verfahren der elektrischen Meßtechnik. VDE-Buchreihe Band 9, Berlin 1962.

Vorschriften und Normen

[22] Regeln für elektrische Meßgeräte. VDE 0410/3.68.

[23] Regeln für Meßwandler. VDE 0414/12.62.
Neuentwurf: Bestimmungen für Meßwandler, Teil 1 bis 3, 1969.

[24] Recommendations for indicating electrical measuring instruments and their accessories. IEC-Publication 51/1960.

[25] DIN 1319 (Dez. 1963). Grundbegriffe der Meßtechnik. Deutsche Normen, Beuth-Vertrieb, Berlin — Köln.

[26] DIN 5483 (Nov. 1958). Formelzeichen für zeitabhängige Größen. Deutsche Normen, Beuth-Vertrieb, Berlin — Köln.

[27] DIN 40110 (Juli 1968). Wechselstromgrößen. Deutsche Normen, Beuth-Vertrieb, Berlin — Köln.

Namen- und Sachregister

Abfangung 17
Ablesevorrichtung, objekt. 20
—, subjekt. 19
Ablesung 7, 18
Abschirmung, elektrostat. 102, 108
—, magnet. 49, 54, 62
Absolutmessung 95
Achsspitzen 15
Anlegeinstrumente 129
Anschläge 18
Anzeige 6
—, bereich 7
—, fehler 6, 9
Äquilibrierung 18
Aronschaltung 75, 78
Arretierung 17
Arsonval, d' 24
Astasierung 54
Astatisches Meßwerk 10, 62
Aufbau, konstrukt. 14—22
Ausschlagwinkel 7

Ballist. Galvanometer 35
Bandaufhängung 15, 17
Beruhigungszeit 7, 22
Bestimmungen 9 ff., 121
Betriebsinstrumente 9, 12, 15
Bewegl. Organ 5, 7, 14
Bimetallinstrumente 91 ff.
—, meßwerk 10, 91
Blindleistungsmessung 76 f.
Bürde 123, 132

Cardew 87
Centanin 27
cos φ 61, 64, 80

Dachspiegel 59, 67
Dämpfung 22
Dämpfungsgrad 22
Dauermagnet 22, 47
Deprez 24
Dreheiseninstrumente 50—59
—, meßwerk 10, 50
—, Spannungsmesser 51 f., 56
—, Strommesser 51 f., 56
Drehfeldmeßwerk 84
Drehmagnetinstrumente 47—50
—, meßwerk 10, 47
—, Quotientenmeßwerk 10, 49
Drehmoment 8
Drehspiegel 19 f., 68
Drehspule 23
Drehspulinstrumente 22—47
—, hoher Empfindlichkeit 32
—, meßwerk 10, 22
—, Quotientenmeßwerk 10, 40
—, Spannungsmesser 27
—, Strommesser 29
—, Widerstandsmesser 37
Drehstromleistung 73
Düsenschreiber 115

Effektivwert 53
Eigenfrequenz 105 f.
Eigenverbrauch 8
—, Berücksichtigung 72
—, Selbstkorrektur 73
Einflußgrößen 6
Einheiten 137
Einleiterwandler 122, 127
Einstellsicherheit 8
Einweggleichrichtung 43, 46
Eisengeschloss. Meßwerk 10, 61, 69
Eisennadelmeßwerk 10
Elektrodynam. Instrumente 59—83
—, Leistungsmesser 61, 64
—, Meßwerk 10, 59
—, Quotientenmesser 78 ff.
—, Quotientenmeßwerk 10, 78
—, Spannungsmesser 63
—, Strommesser 63
Elektrodynamometer 62
Elektrostat. Einflüsse 71, 99
—, Instrumente 93—102
—, Meßwerk 10, 93
—, Schirmung 10. 100
Elektrothermische Instrumente 87—93
Empfindlichkeit 7 ff., 20, 33
Epoxidharz 122
Erdungsspannungswandler 134

Fallbügelschreiber 112
Fehlangabe 6
Fehlergrenzen 121
Fehlwinkel 124, 132
Feldspule 50, 56 ff., 69 ff.
Fernrohrablesung 9, 34
Ferraris 84
Ferrit 70
Ferrodynam. Leistungsfaktormesser 78, 81
—, Leistungsmesser 69 ff.
—, Meßwerk 69 f.
Flußmesser 36
Frahm 104
Fremdfeldeinfluß 11, 25, 54
—, schutz 11, 54, 62
Frequenzbereich 11, 58, 70
—, einfluß 11
—, messer 102

Galvanometer 8, 33 ff.
—, ballist. 35
Gehäuse 5, 12
Genauigkeit 6
Gießharz 122
—, wandler 126 f., 134 f.
Gleichrichter 10, 42, 45
—, instrumente 10, 11, 42 ff.
—, meßwerk 42
Gleichstromleistung 71
—, wandler 129 ff.
Graetz-Schaltung 43
Greinacher-Schaltung 44
Grenzwiderstand, aperiod. 35
Großbereichwandler 125
Gütefaktor 8
Güteklasse 9

Halbleiter-Gleichrichter 42
Hartmann-Kempf 102
Hitzdrahtinstrumente 87
—, meßwerk 10, 87
Hochfrequenzmessung 89
Hochspannungsmesser, elektrostat. 95 f.
Hummelschaltung 76, 86
Hystereseeinfluß 54

Idiostat. Schaltung 99
IEC 19
Induktionsinstrumente 83—87
—, meßwerk 10, 83
—, Scheibenmeßwerk 84 f.
—, Trommelmeßwerk 83
—, zähler 85
Induktivität, Einfluß der 57, 65
Induktivitätsmesser 83
Instrumentenkonstante 7, 9
International Electrotechnical Commission 19
Isa-Ohm 27
Isolationsmesser 39

Kapazitätsmesser 82
Kapazit. Spannungswandler 135
Keinath 8
Kelvin, Lord 93
Kernmagnetmeßwerk 26, 41
—, system 25 f.
Kippfehler 16
Klasseneinteilung 9
—, zeichen 6, 11
Kohlrausch 50
Konstantan 27, 89
Konstante, ballist. 36
—, eines Instruments 8, 30
Kontaktgeräte 12, 93
Kreuzfeldmeßwerk 79, 81
—, spule 40 f., 78
—, spulmeßwerk 40, 79
Kriechgalvanometer 36
Krümmungsfehler 70
Künstl. Nullpunkt 74, 78
Kurbelinduktor 39
Kurvenform 45, 53 f., 88

Laboratoriumsinstrumente 12, 55, 65
Lageeinfluß 11
Lagerreibung 8
—, steine 15 f.
Lagerung 14 ff.
Lagezeichen 10, 11
Leistungsfaktor 82
—, faktormesser 80, 81
—, faktormesser für Drehstrom 82
—, messer 66 f., 73
—, messer-Schaltungen 71—78
—, messung, elektrostat. 101
Lichtmarke 20, 33, 67 f.
Lichtmarkengalvanometer 32 f.
—, instrumente 59, 65 ff.
—, meßwerke 57 f., 67
Lichtpunkt-Linienschreiber 116
Lichtstrahloszillographen 117 ff.
Lichtzeigerablesung 9, 20, 34
Linienschreiber 109
Luftdämpfung 7, 22

Magnet. Einflüsse 88, 99
—, Nebenschluß 26, 48
—, Schirmung 10, 54
Manganin 27, 30
Maximum-Strommesser 93
Megohmmeter 39
Mehrfarbenschreiber 113
Meßbereich 7
Messerzeiger 18
Meßgröße 5, 11
—, instrument 5
—, wandler 120—136
—, werk 5
—, werksymbol 10
Metallpapierschrift 111
Mohssche Skala 15
Millivoltmeter 31, 90
Mittelwert, linear. 45
—, quadrat. 53
Multizellularvoltmeter 102

Nachwirkung, elast. 17, 21
Nadelschaltung 100
—, Vibrationsgalvanometer 106 f.
Nebenschlußmagnet. 26, 48
—, widerstand 29 ff.
Nennbedingungen 7
—, bürde 125
—, lage 7, 10
—, leistung 125, 133

—, spannung 66, 68, 134
—, strom 65, 68, 125
—, temperatur 9
—, übersetzung 72, 121
Nullinstrumente 33, 106
—, punkteinstellung 10, 21
—, punkt, künstl. 74, 78
—, punkt, mechan. 6

Ohmmeter 38
Organ, bewegl. 5, 7, 14
Oszillogramm 119
Oszillograph 117 ff.

Papierführung 110
Parallaxe 18, 21
Phasenverschiebung 60, 76 f., 80
—, winkelmesser 80
Photopapier 117, 119
Präz.-Instrumente 9, 32, 57, 67
Profilinstrumente 12
Prüfspannung 10
—, szeichen 11
Punktschreiber 112 f.

Quadrantelektrometer 99 ff.
—, schaltung 100
—, skala 12
Quotientenmesser 40 ff., 49, 78

Regeln für elektr. Meßgeräte 7, 9, 11, 19
—, Meßwandler 121, 136
Registrierinstrumente 109—120
Reibung 15, 32
Reihenspannung 121
Richtmoment 7, 17, 21
Rundspulmeßwerk 50 f.

Schalttafelinstrumente 12
Schleifenoszillograph 117
—, schwinger 115, 117 f.
—, Vibrationsgalvanometer 108
Schleppzeiger 93
Schließungskreis 34
Schnellschreiber 113
Schreiber 109 ff.
Schreibvorrichtungen 112 f.
Schutzring-Elektrometer 93 ff.
Schwingkontakt-Gleichrichter 47
Selbstkorrektur des Eigenverbrauchs 73
Schwingungsdauer 35
Skala 7, 11, 17 ff.
Skalenanfangswert 6
—, endwert 6
—, länge 5, 67
—, nullpunkt 6, 21
—, teilung 19
Spannbandlagerung 16, 21
Spannungsempfindlichkeit 33
—, fehler 132 f.
—, messer 51, 63, 97 ff.
—, teiler, kapazit. 97 f., 135
—, wandler 121, 131 ff.
Spiegelgalvanometer 9, 32 f.
Spiralfedern 7, 21
Spitzenlagerung 15
Spulenschwinger 116 f.
Stabwandler 122
Stromartsymbole 10, 11
—, empfindlichkeit 9
—, fehler 124
—, konstante 9
—, messer 51, 63, 92 f.
—, richtungsanzeiger 24
—, stoßmessung 35 f.
—, wandler 121 ff.
Stützerstromwandler 126
Sinnbilder der Meßwerke 10, 11
—, der Stromarten 10, 11
Symbole 137
Systemgewicht 8

Tangentenbussole 48
Teilstriche 19
Temperatureinfluß 11
—, koeffizient 27 f.
—, kompensation 31
Thermoumformer 10, 89
—, instrumente 10, 89 ff.
Thomson 93, 99
Tintenschreiber 111
Tintenstrahlschreiber 115
Toleranzen 6, 11
Torsionsmoment 17, 106
Tragbare Instrumente 14
T-Spul-Instrument 41

Überschwingungen 7, 22
Universalmesser 44

Vektormesser 45 ff.
Vibrationsgalvanometer 102, 106
—, instrumente 102—108
—, meßwerk 10, 102
Vielbereichinstrumente 32, 44
Vollwegschaltung 43
Vorkondensator 97
Vorwiderstand 27 ff.

Wachspapierschrift 112 f.
Wandler 120—136
Wechselstromleistung 71
—, Ohmmeter 82
Weston 24

Widerstands-
legierungen 27
—, messer 37 f.
Wirbelstromdämpfung 7, 22, 34
—, einfluß 54, 61
Wirkleistungsmessung 64 f., 74 f., 86
Zangenstrommesser 129
—, wandler 128
Zapfenlagerung 15
Zeiger 7, 17
—, ausschlag 8
—, frequenzmesser 83
—, instrumente 24
—, meßwerk 52, 55, 65
—, nullstellung 10, 21
—, schwingungen 7, 53
Zubehör 5, 14, 31
Zungenfrequenzmesser 102 ff.
Zweiweggleichrichtung 43, 45
Zweizeilige Skala 67 f.

THEODOR KÖNIGSHOFER

Die Wicklungen elektrischer Maschinen

Allgemeinverständliche Einführung in die Wicklungen und deren Wirken in elektrischen Maschinen

Oktav. Mit 139 Textabbildungen. 128 Seiten. 1956. DM 12,80

FRITZ RASKOP

Der Katechismus für die Ankerwickelei

Leitfaden für die Herstellung der Wicklungen an elektrischen Maschinen, Transformatoren, Starkstromapparaten und Kleinstmotoren

14., vermehrte und verbesserte Auflage. Mit rund 500 Abbildungen und Wicklungs-Schaltbildern. 45. und 46. Tausend. Oktav. XX, 616 Seiten. 1967. Ganzleinen DM 48,—

Die praktische Berechnung elektrischer Maschinen

Einführung in Maßsystem und Grundlagen sowie allgemeinverständliche Berechnung von Gleich- und Wechselstrommaschinen

Groß-Oktav. Mit 126 Abbildungen. XVI, 319 Seiten. 1959. Ganzleinen DM 38,—

HANS BORNEMANN

Bau und Berechnung von Leitungen und Leitungsnetzen

Teil I: Bau und Berechnung von Gleichstromleitungen
Oktav. Mit 72 Textabbildungen. VII, 130 Seiten. 1956. DM 14,—

Teil II: Berechnung von Wechselstromleitungen
Oktav. Mit 64 Textabbildungen. VII, 141 Seiten. 1956. DM 16,—
